国家规划重点图书

小型农田水利工程管理手册

小型堰闸运行管理与维护

中国灌溉排水发展中心　组编

中国水利水电出版社
www.waterpub.com.cn
·北京·

内 容 提 要

《小型堰闸运行管理与维护》分册系《小型农田水利工程管理手册》之一。本分册系统介绍了农村小型堰闸工程运行管理和维修养护方法，主要内容包括小型堰闸观测、日常检查、运行管理、养护维修、安全运行管理和抢险技术措施等。本分册以相关规范和标准为依据，吸取了国内外最新科研成果及实践经验，广泛征求了全国有关设计、科研、管理等部门专家和技术人员的意见。

本分册内容通俗易懂，方法简单实用，主要供基层水利工程管理单位、用水服务组织等技术人员日常管理维护以及技能培训使用，也可供其他从事水利工作的技术人员及大中专学校相关专业师生参考。

图书在版编目（CIP）数据

小型堰闸运行管理与维护 / 中国灌溉排水发展中心组编. -- 北京 : 中国水利水电出版社, 2022.2
（小型农田水利工程管理手册）
ISBN 978-7-5226-0493-0

Ⅰ. ①小… Ⅱ. ①中… Ⅲ. ①农田水利－水利工程管理－手册 Ⅳ. ①S27-62

中国版本图书馆CIP数据核字(2022)第026602号

书　　名	小型农田水利工程管理手册 **小型堰闸运行管理与维护** XIAOXING YANZHA YUNXING GUANLI YU WEIHU
作　　者	中国灌溉排水发展中心　组编
出版发行	中国水利水电出版社 （北京市海淀区玉渊潭南路1号D座　100038） 网址：www. waterpub. com. cn E - mail：sales@mwr. gov. cn 电话：(010) 68545888（营销中心）
经　　售	北京科水图书销售有限公司 电话：(010) 68545874、63202643 全国各地新华书店和相关出版物销售网点
排　　版	中国水利水电出版社微机排版中心
印　　刷	天津嘉恒印务有限公司
规　　格	170mm×240mm　16开本　4印张　68千字
版　　次	2022年2月第1版　2022年2月第1次印刷
印　　数	0001—3000册
定　　价	**28.00**元

《小型农田水利工程管理手册》

主　编：赵乐诗

副主编：刘云波　冯保清　陈华堂

《小型堰闸运行管理与维护》分册

主　编：李永生　杨振华　崔　静

主　审：郑洪云

前言

水利是农业的命脉。自中华人民共和国成立以来，经过几十年的大规模建设，我国累计建成各类小型农田水利工程2000多万处，这些小型农田水利工程与大中型水利工程一起，形成了有效防御旱涝灾害的灌溉排涝工程体系，保障了国家粮食安全，取得了以占世界6%的可更新水资源和9%的耕地，养活占世界22%人口的辉煌业绩。

2011年《中共中央　国务院关于加快水利改革发展的决定》颁布以来，全国水利建设进入了一个前所未有的大好时期，中央及地方各级人民政府进一步完善支持政策，加大资金投入，推进机制创新，聚焦农田水利“最后一公里”，着力疏通田间地头“毛细血管”，小型农田水利建设步伐明显加快，工程网络更加完善，防灾减灾能力、使用方便程度和现代化水平不断提高，迎来了新的发展阶段。站在新的起点上，加强工程管护、巩固建设成果，保证工程长期发挥效益成为当前和今后农田水利发展的主旋律。

根据当前小型农田水利发展的新形势和实际工作需要，在水利部农村水利水电司的指导下，中国灌溉排水发展中心组织相关高等院校、科研院所、管理单位的专家学者，总结提炼多年来小型农田水利工程管理经验，编写了《小型农田水利工程管理手册》（以下简称《手册》）。《手册》涵盖了小型灌排渠道与建筑物、小型堰闸、机井、小型泵站、高效节水灌溉工程、雨水集蓄灌溉工程等小型农田水利工程。

《手册》以现行技术规范和成熟管理经验为依据，将技术要求具体化、规范化，将成熟经验实操化，突出了系统性、规范性、实用性。在内容与形式上尽可能贴近生产实际，力求简洁明了，使基层管理人员看得懂、用得上、做得到，可满足基层水利工程管理单位与用水服务组织技术人员日常管理、维护及技能培训需要，也可供其他从事水利工作的技术人员及大中专学校相关专业师生参考。《手册》对提高基层水利队伍专业水平，加强小型农田水利工程管理，推进农田水利事业健康发展，可以提供有力的支撑作用。

《手册》由赵乐诗任主编，刘云波、冯保清、陈华堂任副主编；顾斌杰在《手册》谋划、组织、协调等方面倾注了大量心血，王欢、王国仪在《手册》编写过程中给予诸多指导与帮助；冯保清负责《手册》整体统筹与统稿工作，崔静负责具体组织工作。

◇◇◇◇◇◇◇◇◇◇◇◇◇◇◇◇◇◇◇◇◇◇◇◇◇◇◇◇◇◇◇◇◇

小型堰闸是灌溉工程中一种常见的水工建筑物，在防洪、灌溉、发电等方面发挥了重要作用。小型堰闸用途较广、形式多样、数量众多，同时管理难度大，普遍存在管理不系统、维修养护不及时、带病运行等现象，极大影响灌溉效益和工程安全。为提高小型堰闸管理水平，保障工程安全运行，有效发挥灌溉系统效益，特编写《小型堰闸运行管理与维护》分册（以下简称《堰闸分册》）。

《堰闸分册》主要以基层管理人员为读者对象，较为系统地介绍了小型堰闸观测、日常检查、运行管理、养护维修、安全运行管理和抢险技术措施等主要内容。

《堰闸分册》由李永生、杨振华、崔静主编，郑洪云主审。

《堰闸分册》编写过程中参考引用了许多文献资料，特向有关作者致以诚挚谢意。同时，在编写过程中得到浙江、湖北、福建、江西、四川等5省水利厅以及有关单位和技术人员的大力支持，在此一并致谢！由于时间仓促和水平所限，本书难免存在疏漏，恳请批评指正。

编者

2021年11月

目录

第一章 概述

引水堰闸是修建在河道上的低水头水工建筑物，具有引水和泄水双重功能，依靠堰体和闸门板控制闸后的水位、调节引水流量。

小型堰闸是指设计引水流量在 $1m^3/s$ 以下，控制排水面积在 3 万亩以下的各种堰闸。小型堰闸的规模较小，其运行管理的主要内容是枢纽工程的堰坝、水闸、防洪堤坝等的工程管理。

第一节 堰闸的分类

小型堰闸按结构和作用的不同，并结合其泄流特点，可划分为溢流堰和水闸两大类型。溢流堰主要依靠堰体控制堰前蓄水位，当上游水位超过溢流堰顶高程时，河道里的水就会从溢流堰顶自由溢流；水闸则以闸门板开启高度控制闸后水位，调节引水流量。

小型水闸按所担负的任务可分为拦河闸、节制闸、进水闸、分水闸、排水闸、退水闸、冲沙闸等，有的水闸还兼有多种作用（图 1－1）。水闸按结构型式可分为开敞式（包含胸墙式）和涵管式；按水闸闸室底板结构可分为平底板闸门和倒拱底板闸门；按水闸闸门板是否转动运行可分为翻板闸门和非翻板闸门。小型堰闸的闸门一般采用平底板闸门。

按渠首引水方式可分为无堰引水和有堰引水两类。其中渠首无堰引水是直接从河道中取水，工程包括引水渠、进水闸、渠首段干渠及沉沙池等。有堰引水的渠首工程由拦河溢流堰、进水闸、冲沙闸及导流坝等部分组成，按堰的类型可分为沉沙槽式、隧洞式、拦河闸式、人工弯道式、溢流堰式、底栏栅式等，小型堰闸一般采用溢流堰。

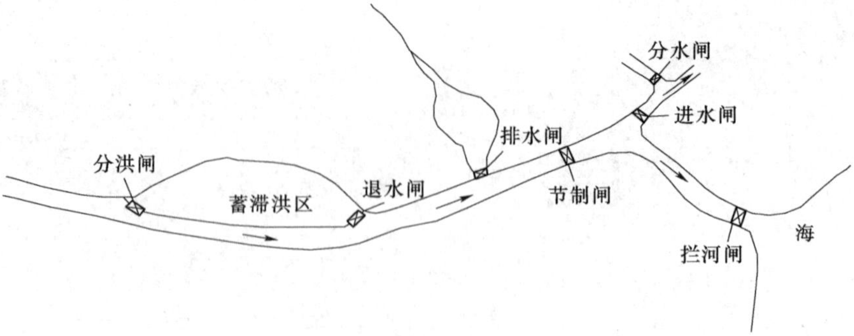

图 1-1　水闸类型

第二节　堰闸运用的基本要求

一、堰闸控制运用的依据

一般情况下，水闸应根据规划设计的工程特征值，结合工程现状确定下列指标作为控制运用的依据：①河道上游设计水位；②河道下游设计水位；③最大过堰流量，相应单宽流量；④水闸下游最高水位；⑤水闸上下游最大水位差；⑥水闸设计引水流量；⑦河道上、下游河道的安全水位和流量。

二、堰闸运用时的基本要求

（1）必须在确保工程安全的前提下，综合合理利用水资源，充分发挥堰闸工程效益，当兴利与防洪矛盾时，兴利应服从防洪。

（2）按照有关规定和协议以及水利主管部门的指示，合理分配水量，节约用水。在分配水量时，优先考虑河道下游的生活、生产和生态用水需求。

（3）堰闸的运用，应与河道上、下游工程相配合，并与河道堤防的防洪能力，河道上下游排水、蓄水能力和渠道的引水能力相适应。

（4）有淤积问题的水闸，应研究采用妥善的运用方式防淤、冲淤、排沙。

（5）水质被污染或可能被污染的水域，尽可能通过合理运用防止和减少污染。

第二章

堰闸运行观测内容与方法

因小型堰闸工程规模较小，运行观测项目主要包括水位观测、裂缝观测、水平位移观测、沉陷位移观测、渗漏观测等。

第一节　水　位　观　测

一、观测方法

可利用渠首水工建筑物观测水位。水位观测常用设施有水位尺和水位计两类。小型堰闸工程水位观测常采用水位尺。

利用渠首建筑物观测水位的步骤和方法如下。

1. 测绘渠首水工建筑物简明图

每处观测水位的建筑物都必须注明进出口型式、底板高程和各部尺寸，并绘制简明的平面图和纵剖面示意图，以便随时查对。

2. 安设水位尺

（1）闸前水位尺直接设置在闸前侧墙上，水位尺距离闸门槽大于等于1/4单孔闸宽。入闸水流如不是对称地流入，闸前两侧均须设置水位尺，观测时取其平均值。

（2）闸后水位尺直接设置在闸后侧墙上，水位尺距离闸门槽大于等于1/4单孔闸宽。

（3）观测闸门板开启高度的水尺可直接设置在闸槽边缘的过墩上，水尺的零点与闸孔完全关闭时的闸门底部相平，若闸底部有门槽，则水尺的零点应再提高一些，提高的高度等于门槽的深度。

(4) 如上、下游水位尺设在倾斜岸坡上，可把垂直刻度转为斜坡刻度，按斜坡刻度长等于垂直刻度长乘以 $1/\sin\alpha$（其中 α 是倾斜的角度）进行换算，这样倾斜面上所表示的刻度，即为垂直的刻度。

3. 水位观测

由观测的水位尺读数加已知的水尺零点高程求得水位。水位尺零点高程为水位尺零点与基面的高差。水位尺所用的基面有两种，一种为绝对基面，是以国家规定的某一海平面作为零点，其他地点的高程均以此作为起点；另一种为假定基面，即在尚未接测至绝对基面的地点，为表示该地的相对高程，常在该地选一假定基面作为其高程的起点。小型堰闸的水位高程选用假定基面作为其高程的起点。

小型堰闸的设计引水流量为 $1.0m^3/s$ 以下，单孔闸门就可完全满足引水流量的要求。小型堰闸在河道上、下游和水闸前、后水位尺观测数据填入表 2-1。

表 2-1　　______小型堰闸水位观测记录成果表

序号	日期	闸门开启时间（时：分）	闸门关闭时间（时：分）	闸门开启高度/m	水位/m				水闸上下游水位差/m	流量系数	引水流量/(m^3/s)	备注
	年 月 日				河道上游	河道下游	闸门上游	闸门下游				

校核：　　　　　　　　　　　　　观测：

二、观测时间和测次

（1）在枯水期，无雨非灌溉期间，根据管理需要确定是否观测。

（2）在汛期，每天 8 时观测水位 1 次。本流域内有强降雨、来水量加大时，在渠首每隔 1～2 小时观测水位 1 次。

（3）农田灌溉用水时期，每天 8 时观测水位 1 次，根据用水情况调整观测次数。

（4）在闸门启闭变动后 1 小时，加测 1 次。

第二节 裂 缝 观 测

一、观测方法

当水闸构件出现裂缝后，应对裂缝的分布、位置、长度、宽度、深度以及是否形成贯穿缝等做出标记，进行观测。对于水闸构件裂缝的观测一般直接委托专业的中介机构并进行安全鉴定。

细微的表面裂缝对结构安全影响不大，可以不设标点进行观测。但应详细记录裂缝的位置和分布情况等，为混凝土表面维护提供依据。这类裂缝位置和长度的观测，通常是在裂缝两端用油漆画线做标志，或在混凝土表面绘制方格坐标进行量绘。

对影响结构安全的裂缝，特别是位于结构主要受力部位的裂缝，裂缝宽度超过允许值时，则应选择有代表性的位置设固定百分（或千分）尺进行观测，如图 2-1 所示。一般可在裂缝两侧的混凝土表面各埋设一个金属标点，用游标卡尺测定，其两点间距离的变化值，即为裂缝宽度的变化值。金属标点是用直径为 20mm、长约 60mm 的金属棒，埋入混凝土 40mm，外露部分做成标点和保护盖相结合的螺纹丝扣，两标点距离不得小于 150mm。

裂缝宽度通常是用刻度显微镜来测定；裂缝深度一般采用金属丝探测，有条件的地方也可用超声波探伤仪测定或用钻孔取样等方法观测。

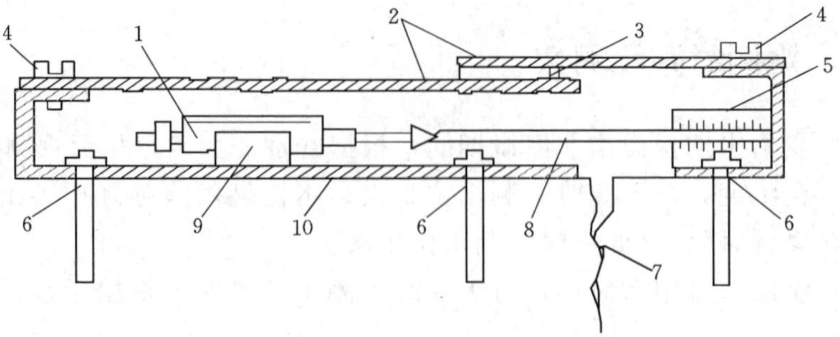

图 2-1　固定百分（或千分）尺安装示意图

1—百分（或千分）尺；2—可相互移动的保护盖（与底座焊接）；3—密封胶垫；
4—连接螺栓；5—测杆座；6—固定螺栓；7—裂缝；8—测杆；
9—固定百分（或千分）尺支架（与底座焊接）；10—底座

二、观测时间和测次

设置固定观测标点的裂缝，在出现裂缝初期，可每月观测一次，但在出现最高（低）气温、发生强烈震动、超标准运用或裂缝有显著发展时，应增加测次。当裂缝发展速度变缓后，可适当减少测次。经过较长时间观测，判明裂缝已不再发展后，可停止观测。

三、精度要求

使用游标卡尺量测裂缝宽度时，精度可量至 0.1mm。

四、注意事项

（1）观测混凝土建筑物裂缝时，应同时观测气温、水温、上下游水位等相关因素。对于梁、柱等建筑物还需检查荷载有无变化等情况。

（2）有漏水情况的裂缝，还应同时观测漏水量、析出物的变化等。

五、观测成果

（1）裂缝观测应填写裂缝观测成果记录表：将每次观测的裂缝长度、宽度记录于表 2-2，并与原始记录相比较，以了解其发展情况，同时记录相应的气温、水位差和荷载等情况。裂缝长度精确到 0.01m，裂缝宽度精确到 0.1mm。

表 2－2　　　　______裂缝观测记录成果表

日期	裂缝编号	裂缝位置及方向	缝长/m	缝宽/mm			温度/℃		上游水位/m	裂缝渗水情况	备注
年 月 日				×号测点	×号测点	×号测点	水温	气温			

校核：　　　　　　　　　　计算：　　　　　　　　　　观测：

（2）裂缝观测应绘制下列图形。

1）裂缝分布图：将裂缝位置画在建筑物结构图上，并注明编号。

2）裂缝平面图或剖面图：对于重要和典型的裂缝，可绘制较大比例尺的平面图或剖面图，并将有代表性的几次观测成果绘制在同一张图上，以便分析比较。

（3）根据裂缝观测成果，对水闸做安全鉴定。

第三节　水 平 位 移 观 测

一、观测方法

常用视准线法进行观测，在溢流堰顶中间位置沿垂直水流方向设一排水平位移观测标点，观测溢流堰顶各点的水平位移情况。

工作基点设在溢流堰左右两岸的防洪堤坝顶，为了提高观测精度，分别在左右两岸的工作基点上架设经纬仪，由两端工作点进行观测，测定原始成果和校测工作点时，正反镜各测 3～6 次，取其平均值，经纬仪的瞄准精度为±1″，即 100m 视距有±0.5mm 误差。

（一）观测标点及基点布置

（1）工作基点。工作基点用钢筋混凝土浇筑。在钢筋混凝土的工作基点埋设不锈钢水准标芯，不锈钢水准标芯交点即为工作基点的中心位置。

（2）位移标点。在河道左右两岸工作基点的溢流堰顶设置一定数量的水平位移标点，用于观测溢流堰的水平位移，水平位移标点埋设不锈钢水准标芯，标芯交点即代表位移标点的位置。

（3）校核基点。不锈钢水准标芯校核基点应埋设在溢流堰附近便于观测、基础坚实、不受建筑物变形影响的地方。校核基点和工作基点应在同一条视准线上。

（二）观测记录

工作基点、校核基点、位移标点均应编号，并把位置、埋设日期、最初测量成果填入考证表内，水平位移标点考证表见表 2－3，并附位置图及结构图。每年应对观测资料进行整理并绘制平面位移图、上游水位与水平位移关系曲线图。

表 2－3　　　　______堰水平位移标点考证表

序号	名称（编号）	埋设日期			埋设位置	基础情况	测定日期			水平位移/cm	备注
		年	月	日			年	月	日		

主管：　　　　　　校核：　　　　　　观测：　　　　　　埋设：

二、观测时间和测次

水平位移观测在竣工后 1～2 年内进行，以后随着建筑物变形趋于稳定，观测次数逐步减少，但每年不得少于 2 次。经资料分析沉降已趋稳定后，可改为每年汛前、汛后各测 1 次。

当上游水位接近设计水位和校核水位，以及建筑物发生显著变化时，应增加观测次数。水平位移观测记录见表 2－4。

表 2－4　　　　______堰水平位移观测记录表

上次观测日期：　　　　　　　　本次观测日期：　　　　　　　　间隔时间：

测点		上次观测读数/mm	本次观测读数/mm	累计水平位移/mm	备注
部位	编号				

主管：　　　　　　校核：　　　　　　观测：

第四节 沉陷位移观测

一、观测方法

常用水准仪观测溢流堰和闸的相关部位的沉陷位移，用精密水准仪根据起测基点的高程来测定各个垂直位移观测标点的高程变化，据以判断堰、闸的沉陷位移变化情况。沉陷工作基点可利用水平位移工作基点，沉陷位移观测标点一般布设在闸墩头部、溢流堰顶部，其中溢流堰顶部利用水平位移标点，闸墩头部埋设不锈钢水准标芯。沉陷位移观测标点必须坚固可靠，并与建筑物牢固结合，要便于对观测点进行观测，基础为稳固的岩石或坚实的土基。沉陷位移观测应按照国家现行水准测量规范操作，沉陷位移观测标点、水准基点、起测基点的原始数据录入表2－5。

表2－5 ____堰闸沉陷位移观测（观测标点、水准基点、起测基点）表

序号	名称（编号）	埋设日期			埋设位置	基础情况	测定日期			高程	备注
		年	月	日			年	月	日		

引据水准点：型式：____编号：____高程：______位置：______接测距离：______ m

主管： 校核： 观测： 埋设：

二、观测时间和测次

堰闸建成初期由于沉降量大，必须加强观测。随着时间的推移，沉降趋于稳定后，可适当减少测次。沉陷是否稳定，可通过绘制垂直位移过程线确定。沉降量稳定的时间一般为：沙土地基2年、黏性土地基5年、软土地基10年。因此，堰闸工程竣工验收后2年内应每3个月观测1次，以后适当减少。经资料分析沉降已趋稳定后，可改为每年汛前、汛后各测1次。

汛期还应根据水位升降情况，适当增加测次；当发生地震或超过设计最高水位或出现最大水位差时，应增加测次。沉陷位移观测成果录入表2－6。

表 2-6　　　　______堰闸沉陷位移观测成果表

观测日期：　　　年　月　日至　　年　月　日

观测部位	标点	原测定日期	原始高程/m	上次观测日期	上次平均高程/m	本次观测日期	间隔时间/日	累计时间/日	间隔垂直位移量/mm	累计垂直位移量/mm	备注

主管：　　　　校核：　　　　观测：　　　　埋设：

第五节　渗　漏　观　测

堰闸渗漏观测的项目有渗流量、绕坝渗流、堰（闸）基渗透压力和渗透水的透明度等。绕坝渗流一般采用测压管进行观测，测压管的布置以能绘出渗流等势线为原则，当堰（闸）基有透水层时，可在基础内埋设测压管，观测渗透压力。一般来说，小型堰闸只需观测渗流量，渗流量主要通过人工巡查、肉眼观察来完成。在正常情况下，渗流量是随上游水位的升降而变化的，而且随着堰前泥沙的淤积，渗流量将会逐年减少，如发现渗流量突然增大，应注意有无渗流破坏现象发生。堰闸渗漏观测记录表见表 2-7。

表 2-7　　　　______堰闸渗漏观测记录表

日期：　　　　　　　　　　　　　　　　天气：

堰闸渗漏观测情况

检查人：__________　　　　　　　　记录人：__________

第三章

小型堰闸工程检查

小型堰闸工程安全运行的隐患可以通过对工程的观测与检查来发现，通过检查发现隐患，通过维修养护消除隐患，从而确保小型堰闸工程正常安全运行。

第一节　工程检查类型

小型堰闸工程检查包括日常巡查、定期检查和特别检查。

一、日常巡查

日常巡查是工程管理人员凭借眼看、耳听、手摸或借助简单的器具对工程的各部位每星期至少一次进行观察检查。由于方法简单易行，全面及时，一些事故苗头或工程隐患通常通过检查被发现，得到及时的处理。所以，必须特别重视日常巡查工作。

检查的内容包括：堰、闸水工建筑物各部位，闸门，启闭机，机电设备，管理区范围内的河道、堤防、水流形态、水质情况等。

二、定期检查

定期检查一般指每年的汛前、汛后、冰冻期（指北方，南方可无此项）对小型堰闸进行的安全检查，每年定期检查 2～4 次。根据不同地区汛期到来的时间确定检查时间，例如华北地区可安排在 3 月上旬、5 月下旬、7 月、9 月底、12 月底等时间进行定期检查。

汛前主要检查小型堰闸工程岁修完成情况、工程管理范围内的工程安全运行状况、防汛组织、防汛物料储备等关系安全度汛方面的问题，针对存在的问题采取相应措施。汛后着重检查小型堰闸工程水毁情况，以制定岁修工程维修计划，做好小型堰闸的维修养护工作。

定期检查的内容与日常巡查的内容基本相同。

三、特别检查

特别检查是堰闸遭受特大暴雨、有感地震、极端气温、10 级及以上台风等特殊情况后的小型堰闸工程安全检查。

检查的内容及范围为对混凝土工程、水下部分及上、下游河道冲刷进行全面检查，对闸门、启闭机进行安全检测。

第二节 工程安全检查

一、堰闸工程

（一）溢流堰工程检查内容

（1）堰体有无沉陷、位移和裂缝等情况。

（2）溢流坝面、消力池及辅助消力设施有无气蚀和冲毁现象。翼墙有无结构破损情况，消力池内是否淤积泥沙或其他杂物。

（3）防渗设备如铺盖、截水墙等有无失效现象，下游排水孔排水是否畅通。

（4）溢流坝下游基础有无淘刷、管涌等破坏现象。海漫是否完好，有无局部冲刷破坏。

（5）导流堤、护岸以及防洪工程等是否完好。

严寒地区的溢流坝，冬季应注意防止冰块过堰、磨损堰面或撞坏消能设施。堰日常巡查（定期或特别）检查记录详见表 3-1。

（二）闸门工程检查内容

（1）闸门、金属结构：闸门表面有无明显锈蚀；闸门止水装置密封是否可靠；闸门行走支承零部件有无缺陷；门体的承载构件有无变形；金属结构是否满足安全运行要求，有无变形、裂纹、锈蚀、汽蚀、油漆剥落、磨损、振动以及焊缝开裂、铆钉或螺栓松动等现象。

表 3-1　　＿＿＿堰日常巡查（定期或特别）检查记录表

日期：＿＿年＿＿月＿＿日　堰水位：＿＿　m　天气：＿＿　气温：＿＿

检查内容			表面整洁	表面排水沟孔	爆破炸鱼采石取土	重物堆放	伸缩缝		裂缝		排水孔			冻融损坏	磨损	空蚀	碳化	钢筋锈蚀	闸门漏水	监测设施		其他	说明
							错位	渗水	状况	渗水	工况	渗漏量	水透明度							变形观测标点	量水堰		
其他			(1)	(2)	(3)	(4)	(5)	(6)	(7)	(8)	(9)	(10)	(11)	(12)	(13)	(14)	(15)	(16)	(17)	(18)	(19)	(20)	
部位	坝体	上游面																					
		坝　顶																					
		下游面																					
		坝　趾																					
		坝　肩																					
	溢洪道	溢流面																					
		闸　墩																					
		消能工																					
	输水系统	引水段																					
		进水口																					
		消能工																					

检查人：＿＿＿＿＿　　　　记录人：＿＿＿＿＿

注　1. 管理单位应结合本工程具体情况，参照本表制定日常检查和年度检查记录表。

2. 按照表中内容进行检查，凡功能正常、设施完好和无病害的记“0”，否则记“N”，并作必要说明。

3. 年终对各种检查记录整编成册、归档。

（2）启闭机：零部件及安全保护装置是否正常、可靠、满足运行要求。

（3）电气设备：变压器、开关设备、电动机等设备运行是否符合规定；继电保护及安全自动装置配置是否符合要求；直流系统设备是否符合运行要求；配电柜（箱）等末级设备是否运行可靠；各种设备的接地、防雷措施是否完善合理。

（4）闸门管理房：外观是否整洁，结构是否完整，是否稳定可靠，是否满足抗震要求，有无明显裂缝、漏水、沉陷等缺陷；通风、防潮、防水是否满足安全运行要求；避雷装置是否安全可靠。

小型堰闸闸门、启闭机等工程日常巡查（定期或特别）检查记录详见表 3－2。

表 3－2　＿＿＿小型堰闸闸门、启闭机等工程日常巡查（定期或特别）检查记录表

检查日期：　　　　　　　　　　　　　　　　天气：

序号	检查部位		检查内容	情况记录	处理意见
1	闸门	门叶	面板有无明显变形；能否正常启闭；面板有无锈蚀、断裂、气蚀等隐患，边缘止水有无较严重漏水现象		
		预埋件	有无严重的掉漆、生锈现象		
2	启闭设备	链结构件	是否能保证闸门正常升降		
		传动部分	是否运行正常		
		悬吊装置	接口有无不牢、断丝等现象		
		制动器	有无出现严重腐蚀等状况		
		润滑油	填充量是否满足使用要求		
3	机电设备		电动机、配电设备、避雷设施等是否能够正常运行		
4	其他附属设施		护坦、海漫及消力池有无严重冲刷破坏或变形，混凝土或钢筋混凝土有无明显的裂缝、表面破损、剥落、渗水等现象		
5	其他		有无存在其他问题及原因		
6	检查人员签名				

注　若无损坏和异常情况，应写“无”字；有损坏或异常情况的应在“情况记录”栏中记录异常现象的具体情况，必要时留下影像资料；处理意见为巡查人员对损坏或异常情况的处理建议。

二、土石方工程

小型堰闸土石方工程一般是指工程管理范围内的堤防、护坡、护岸、上下游翼墙、挡土墙等。需经常检查的内容如下。

（1）堤顶、堤坡有无雨淋沟、坑口、裂缝。如发现裂缝，应注意其位置。对于平行于坝轴线的裂缝，注意是否有滑坡的倾向，对于垂直于坝轴线的裂缝，应注意是否形成贯穿上、下游的漏水通道。

(2) 堤身有无挖坑、取土、耕种农作物等人为破坏现象；是否有害虫、害兽的活动痕迹，如发现痕迹，应进一步检查有无鼠穴、白蚁窝、獾狗洞及其他有害动物的洞穴；排水、导渗、减压设施有无损坏，有无沙石淤积堵塞、失效。

(3) 在高水位期间，检查堤闸（堰）接头、背水坡、坝脚等处有无散浸、漏水、管涌、流土等现象；减压井、反滤设施等渗水是否有异常变化，是否浑浊或有别的颜色，如发现异常，要加强观察。

(4) 对块石护坡、护岸，检查有无块石翻起、松动、塌陷、缺失、垫层流失、底部掏空、风化等破坏现象。

(5) 对上、下游翼墙或挡土墙等，主要检查墙体有无倾斜、滑动、勾缝脱落；排水管有无堵塞、损坏等现象；高水位时，注意墙体渗水是否浑浊。

小型堰闸土石方工程日常巡查（定期或特别）检查记录详见表 3－3。

表 3－3　______小型堰闸土石方工程日常巡查（定期或特别）检查记录表

检查日期：　　　　　　　　　　　　　　　　　　　天气：

部位名称		存在的主要问题	签名日期	处理情况	签名日期
土方工程	岸墙后填土				
	翼墙后填土				
	上游岸坡				
	下游岸坡				
	堤防				
	河床				
石方工程	闸墩				
	拱圈				
	翼墙				
	挡土墙				
	干砌石护坡岸				
	浆砌石护坡岸				
	干砌石护底				
	浆砌石护底				

续表

部位名称		存在的主要问题	签名日期	处理情况	签名日期
其他					

检查人：__________　　　　　　　　　记录人：__________

三、混凝土及钢筋混凝土工程

小型堰闸的混凝土及钢筋混凝土工程一般包括工作桥、胸墙、溢流面、闸墩、边墙、洞身、底板、消力池等。对混凝土及钢筋混凝土工程的经常检查内容主要包括以下几方面。

1. 风化、冻融

采用锤子敲击混凝土表面进行检查，以判断有无脱壳现象；混凝土的松软程度及范围可以采用手指、刀子、凿子试剥的方法来判断。

2. 裂缝

检查裂缝比较简单的方法是在裂缝首尾涂以颜色鲜艳的油漆，经常目测或用放大镜进行观察，看其长度、宽度、深度、走向有无发展变化，受温度及荷载的影响是否明显。如发现裂缝有明显发展，还要加强观察。

3. 渗漏

在日常巡查中要注意溢流面、胸墙、边墙、底板有无渗漏发生，如发现渗漏现象，应观察其位置、面积和渗漏程度。注意观察渗漏水中有无游离石灰及黄锈。若检查中发现基础渗漏或绕两侧翼墙渗漏时，应查清渗水来源。

小型堰闸的混凝土工程日常巡查（定期或特别）检查记录详见表3-4。

四、水下工程

水下部分的检查一般包括上游护底、铺盖、消力池、底板、下游消力池、海漫、防冲槽、预埋固件、分缝止水、排水孔等。因水下工程通常位于水下，日常检查难以进行，这些结构一旦遭到破坏，将严重影响水闸安全。因此，必须定期进行检查，一般选择在汛前或枯水期水位较低的有利条件下进行。

表 3－4　______堰闸混凝土工程日常巡查（定期或特别）检查记录表

检查日期：　　　　　　　　　　　　　　　　　　　天气：

部位名称	存在主要问题	签名日期	处理情况	签名日期
工作桥				
胸墙				
溢流面				
闸墩				
边墙				
洞身				
闸底板				
消力池				

检查人员：__________　　　　　　　　记录人：__________

水下检查包括以下内容：

（1）检查门槽有无卡阻、损坏，闸室、消力池内有无石块等杂物。

（2）检查护底、铺盖、闸底板、消力池护坦等混凝土部分有无断裂、冲刷、汽蚀等破坏；海漫砌石部分有无缺失、塌陷、冲刷破坏；防冲槽抛石量是否满足要求；闸前有无块石及其他大的障碍物；闸前泥沙淤积情况。

（3）检查消力池护坦排水孔是否堵塞，如果排水孔堵塞，渗水无法排除，就会增加闸基底部扬压力，影响闸室稳定。

小型堰闸水下工程日常巡查（定期或特别）检查记录详见表 3－5。

表 3－5　______堰闸水下工程日常巡查（定期或特别）检查记录表

检查日期：　　　　　　　　　　　　　　　　　　　天气：

部位名称	存在的主要问题	签名日期	处理情况	签名日期
门槽				
消力池				
护底				
铺盖				

续表

部位名称	存在的主要问题	签名日期	处理情况	签名日期
闸底板				
护坦				
海漫砌石				
防冲槽				
闸前				

检查人：__________　　　　　　　　　　记录人：__________

五、其他检查

除以上几个方面外，还有其他需要检查的项目，包括：在水闸开闸运行期间，必须对水流形态进行观察，进口段是否顺直，出口水跃或射流形态是否正常稳定，跃后水流是否平稳，有无折冲水流、摆动流、回流、旋涡、水花翻涌等现象；上游漂浮物情况、拦污栅是否有堵塞壅水现象和闸门振动现象；水体有无明显的颜色、气味等；管理区范围内有无违章采砂、违章建筑等现象。

小型堰闸其他日常巡查（定期或特别）检查记录详见表3-6。

表3-6　______堰闸其他日常巡查（定期或特别）检查记录表

检查日期：　　　　　　　　　　　　　　　　　　　　　天气：

部位名称	存在的主要问题	签名日期	处理情况	签名日期

续表

部位名称	存在的主要问题	签名日期	处理情况	签名日期

检查人：__________ 记录人：__________

第三节 检查记录与报告

一、记录与整理

(1) 每次巡查检查均应及时做好记录，录入各相关检查记录表中。对原始记录必须慎重审查、审核，以确保资料的正确无误。对已发现的异常情况，除详细记述时间、部位、险情和绘出草图外，必要时应测图、摄影或录像。

(2) 现场记录填制报表后绘制过程线。在积累了一定数量的资料后，应绘制关系曲线。根据关系曲线分析变化幅度、变化量的一般规律和趋势，从而判断堰闸的状态变化和工作情况是否正常。如发现有不正常现象，应分析原因，研究处理措施，并将处理意见及有关资料报送上级主管部门批准后实施。

二、报告和存档

（1）日常巡查检查中发现异常现象时，应立即采取应急措施，并上报主管部门，同时应准确及时填写工作日志。

（2）资料整编后集中统一归档。

第四章

小型堰闸运行管理

第一节　无堰闸渠首运行

无堰闸是指直接通过岸边取水口从河道中引水的堰闸，其运行管理较简单，主要是注意引水闸入口处的杂物堵塞和淤积问题，应在枯水期对进水口段进行疏挖。

第二节　有堰闸渠首运行

有堰闸是指通过堰坝挡水抬高闸前水位，结合进水闸从河道中引水的堰闸。有堰闸渠首在运行过程中，需要相互配合，联合运行，才能充分发挥渠首及分水建筑物的引水、排沙和溢流堰防洪等作用。

一、沉沙槽式枢纽

沉沙槽式有堰闸渠首一般由溢流坝、进水闸、沉沙槽、冲沙闸、导水墙及防洪堤等建筑物组成，见图 4－1。对于多泥沙河道，应采取防沙措施和河道整治措施。实际运行中需要注意的事项如下。

（1）当渠首防沙设备完善，河道流量较大时，进水闸与冲沙闸可以同时开启，一面冲沙，一面引水。

（2）当河道流量较小，没有余水冲沙时，应先开进水闸，再关冲沙

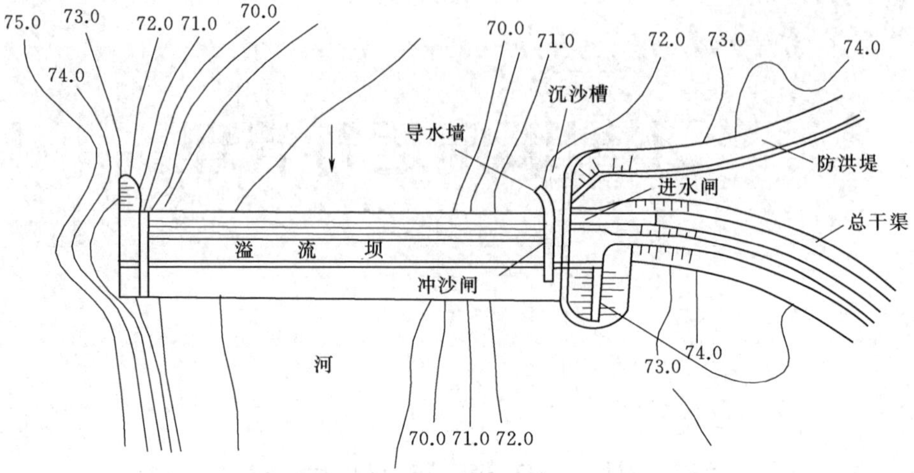

图 4－1　沉沙槽式有堰闸渠首

闸，使河水全部引入渠道。

（3）当冲洗渠首段干渠泥沙时，应先开泄水排沙闸，再关节制闸，以免渠道壅水。冲洗完毕后，先开节制闸，再关泄水排沙闸，恢复正常引水。

二、隧洞式（引水渠）枢纽

隧洞式枢纽由溢流坝、引水隧洞、沉沙槽、进水闸和冲沙闸等五部分组成，见图 4－2。主要运行注意事项如下。

（1）枯水期的运行方式：采用降低隧洞闸门开度，壅高坝前水位的运行方式。这种方式有效地防止了粗颗粒泥沙进入引水隧洞，减少了渠首停水冲沙次数。

（2）丰水期的运行方式：可采用一面引水，一面冲沙的运行方式，冲沙闸的泄量随着流量增加而增大。

（3）渠道停水期间的运行方式：开启冲沙闸冲沙，以便在渠首引水期间，利用坝前作为沉沙池，防止粗颗粒泥沙进入渠道。

三、拦河闸式枢纽

拦河闸式枢纽工程主要由拦河闸、进水闸、冲沙闸、冲沙槽及导沙坎

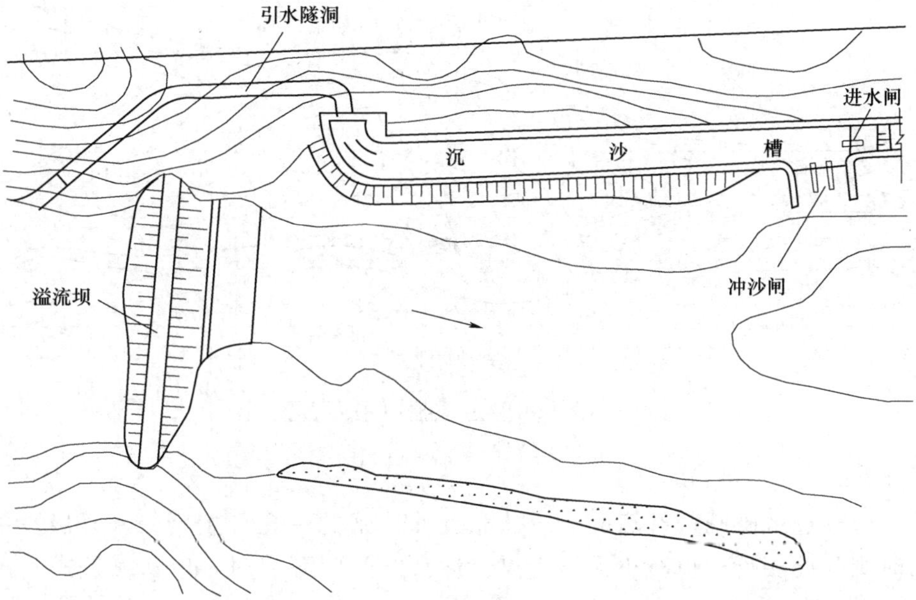

图 4-2　隧洞式枢纽布置图

等建筑物组成。在管理上主要采用壅水灌溉、沉沙和泄空相结合的方法。为了及时排沙，采取了以下办法。

（1）非灌溉季节打开拦河闸泄水冲淤。

（2）在灌溉期间，选择有利的水沙条件，临时停灌冲沙，及时排除闸前淤积。

（3）错峰排沙。遇到沙峰时，及时敞开闸门泄水排沙，避免坝前淤积。

四、人工弯道式枢纽

在山溪性多泥沙河流上，常把靠近引水地点的上游河槽整治为弯曲的水道，造成人工环流，并在弯道的末端，正面建进水闸引水，侧面建冲沙闸排沙，以引取表层较清的水入渠，把含沙量大的底流排放进下游河道，达到引水防沙的目的，见图 4-3。

人工弯道式枢纽的进水闸和冲沙闸的开启顺序和高度，对稳定主流方向，控制泥沙淤积和提高冲沙效果，均有一定的影响。必须按以下要点操

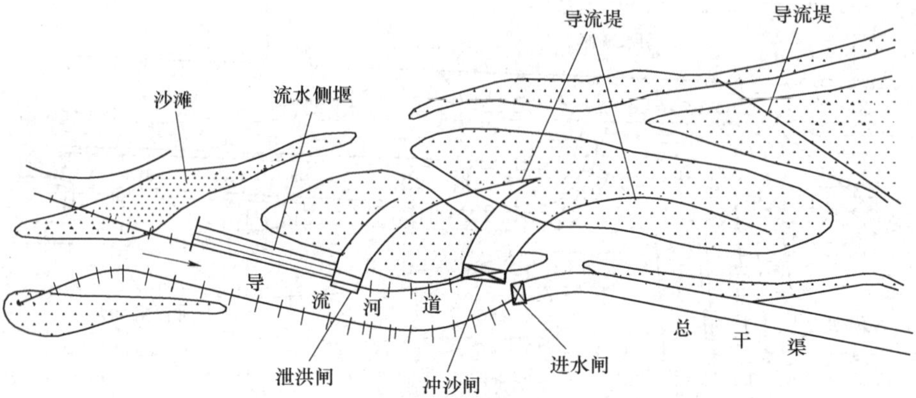

图 4-3 人工弯道式枢纽平面布置图

作运行。

（1）进水闸闸门开启时，应从靠近冲沙闸的一孔开始，依次开启，关闭时则与此相反，以减少泥沙入渠。冲沙闸闸门开启时，应从靠近进水闸的一孔开始，依次开启，关闭时方向相反。

（2）当河道流量小于或等于引水流量时，一般采用定期集中冲沙，首先开启第一孔冲沙闸、集中水流冲沙，以后根据流量的大小，再开启其他各孔。这时进水闸暂停引水，如需要开启进水闸引水时，应先将靠近冲沙闸的一孔开大，其余各孔均为局部开启。

（3）当河道流量较大，运用冲沙闸连续冲沙，而且进水闸闸门均局部开启时，各闸的开度应从靠近冲沙闸的一孔起依次减小。

（4）开启冲沙闸冲洗泥沙时，把全部闸门开到最大高度。冲洗下游泥沙时，闸门则局部开启，使水从闸下流出，以利冲沙。

五、底拦栅坝枢纽

底拦栅坝的使用管理与溢流坝相同。但底拦栅坝在运行过程中常遇到下列几个问题。

（1）清栅。当底拦栅投入运行后，经常被水流挟带的砾石和块石所堵塞，应随时清理。清理方法有人工清理和利用水力清理两种。当河道流量小于引水流量时，可由人持把钩站在廊道下游边墙或工作桥上进行清理。当河道流量大于引水流量时，可利用水力冲洗。

（2）排沙。为了减轻底拦栅坝的堵塞和减少进入廊道的泥沙，应及时开闸冲沙。当河道来水量小于引水流量时，采用定期开闸集中冲沙，当河道来水量大于引水流量时，可边引水边排沙。

（3）防冰及防漂浮物。在严寒地区的河流上，河水里的冰花、冰粒、冰针，容易堵塞栅隙，甚至封冻栏栅不能引水。采用的措施是在底栏栅坝上游的边墙上增设侧面取水口，用以引水。

第三节　闸门的运行

一、闸门的型式

常用的闸门按其结构型式有平面滑动闸门、平板滚动闸门（包括定轮和滚轮）、翻倒门，其他还有弧形闸门、人字门、浮体闸、横拉门、立轴双扉弧形门等。在小型堰闸工程中一般使用平面滑动闸门。

二、闸门的运行操作

（一）闸门的运行操作要求

（1）应按运用计划和上级主管部门的指令进行，指令应详细记录、复核，并妥善保存。

（2）闸门启闭运行前的要求。

1）要对启闭机械、闸门位置、电源、动力设备、仪表、上下游水位、流态、有无船只或漂浮物、行水障碍物等情况详细检查。有条件的水闸工程，启闭设备要做到手动和电动两用，同时应有备用电源。

2）闸门在放水、停水、加大或减少流量以及泄冰凌前，均应事先通知上、下游有关部门做好准备，互相配合，防止人为事故发生。

（3）闸门启闭运行中的要求。

1）操作人员应严格按照运行管理负责人的指令开启闸门高度。

2）闸门设备启闭过程中，操作人员不得离开启闭室，要专心观察，如有异常情况应立即切断电源停机，并报告有关领导，待查明原因，排除故障后方可启闭操作。

3）闸门设备启闭应避免闸门停留在发生振动的位置，严禁超过标示位置。

4）启闭过程中若中途停电，应先拉闸断电，再卸掉皮带以手动方式启闭。

5）当闸门运行至预定位置后，及时断开开关，装好锁锭，切断电源。用手动操作手、电两用启闭机时，应先切断电源，合上离合器，才能操作。如使用电动操作时，应先取下摇柄，拉开离合器后，才能按电动操作程序进行。

（4）闸门启闭后的要求。

闸门设备启闭前后应对启闭时间、上下游情况和动力设备等进行检查并记录，对记录要妥善保存。堰闸门启闭操作运行记录详见表 4－1。

表 4－1　　　　______堰闸门启闭运行操作记录表

<table>
<tr><td rowspan="7">操作前检查</td><td colspan="6">检查时间：　　　　年　　月　　日　　时　　分至　　时　　分</td></tr>
<tr><td colspan="2">检查项目</td><td>标　　准</td><td colspan="2">存在的问题</td><td>处理情况</td></tr>
<tr><td colspan="2">闸门</td><td></td><td colspan="2"></td><td></td></tr>
<tr><td colspan="2">启闭机</td><td></td><td colspan="2"></td><td></td></tr>
<tr><td colspan="2"></td><td></td><td colspan="2"></td><td></td></tr>
<tr><td colspan="2"></td><td></td><td colspan="2"></td><td></td></tr>
<tr><td colspan="4">检查人：</td><td colspan="2">检查负责人：</td></tr>
<tr><td rowspan="5">操作中</td><td colspan="2">操作时间</td><td colspan="4">月　　日　　时　　分至　　时　　分</td></tr>
<tr><td rowspan="2">完成情况</td><td>闸门</td><td colspan="4">闸门板开启高度：____ m。</td></tr>
<tr><td>启闭机</td><td colspan="4"></td></tr>
<tr><td colspan="2">存在的问题及处理情况</td><td colspan="4"></td></tr>
<tr><td colspan="4">操作人：</td><td colspan="2">监视人：</td></tr>
<tr><td rowspan="5">运行检查</td><td colspan="3">检查时间</td><td>检查人员</td><td colspan="2">存在的问题及处理</td></tr>
<tr><td colspan="3">月　日　时　分至　时　分</td><td></td><td colspan="2"></td></tr>
<tr><td colspan="3">月　日　时　分至　时　分</td><td></td><td colspan="2"></td></tr>
<tr><td colspan="3">月　日　时　分至　时　分</td><td></td><td colspan="2"></td></tr>
<tr><td colspan="3">月　日　时　分至　时　分</td><td></td><td colspan="2"></td></tr>
</table>

（二）闸门操作运行时的注意事项

（1）操作人员必须熟悉业务，思想集中，坚守工作岗位。

（2）在操作过程中，不论是遥控、集中控制或机旁控制，均应有专人在机旁和控制盘处进行监护。

（3）启动后应注意：启闭机是否按要求的方向动作；开度指示器及各种仪表所指示的位置是否正常；电器、油压和机械设备的运行是否良好；当启闭力已达到设计规定的标准，而闸门仍然固定不动，或发生其他不正常现象时，应立即停机检查处理，不得强行启闭。

（4）闸门在不同开度泄水时，应注意对下游的冲刷和闸门、闸身的振动情况。闸门泄流时，必须与下游水位相适应，使水跃发生在消力池内。

（5）当开启闸门接近最大开度或关闭闸门接近闸门底时，应注意闸门指示器或标志，确保及时停机，避免闸门或启闭机机械损坏。

（6）冰冻期运用：寒冷地区的水闸，在冰冻期间尽量不要启闭闸门，如确需开启闸门，必须采取措施消除闸门周边和运转部位的冻结现象。封冻期间，应保持闸门上游水位平稳，以利上游形成冰盖。小型水闸在封冻期间无人值守，应将闸门提出水面。

（7）闸门启闭完毕后，应校核闸门开度。

（8）闸门启闭操作后应注意做好以下工作：每次启闭闸门后，应将操作人员、启闭依据、时间、开度、次序、水流情况、启闭前后的上下游水位变化，以及建筑物、闸门、启闭机有无不良现象，详细记录，妥为保管。根据需要发出启闭终止信号或向有关单位报送水情，并做好现场清理工作。

（9）做好安全保护工作，为保护工程、设备和人身的安全，必须做好安全技术措施，防止人身伤亡和工程设备损坏事故。

第五章

小型堰闸养护维修

小型堰闸的养护维修，应本着“经常养护、随时维修、养重于修、修重于抢”的原则进行。养护维修工作可分为养护、抢修、岁修。

第一节 土工建筑物的养护维修

一、土工建筑物的养护

（1）土工建筑物表面有雨淋沟、浪窝坍陷时，应立即进行修补。发生渗漏管涌现象时，要及时处理，处理办法是在上游堵截渗漏，下游反滤导渗。

（2）土工建筑物发生裂缝、滑坡，应分析原因，根据情况，采取开挖回填或灌浆方法处理，滑坡裂缝一般不宜采用灌浆方法处理。

（3）土工建筑物遭受水流冲刷危及安全时，应立即抢护。

（4）土堤土坝应至少每两个月检查一次有无蚁穴、兽洞隐患。如有蚁穴隐患，则采用蚁药毒杀防治或开挖回填土方处理。如有兽洞隐患，则采用开挖回填土方处理。

（5）土堤土坝背水坡应铺置草皮，防止雨水冲刷。

（6）当岸墙、翼墙后填土区发生沉陷时，应及时回填夯实土方。

二、土工建筑物的维修

土工建筑物的维修主要指堤（坝）的渗漏、裂缝、滑坡等隐患的处理，蚁穴和兽洞的防治，河道、渠道的清淤等。

第二节 砌石建筑物的养护维修

一、砌石建筑物的养护

(1) 护坡坡面要经常清扫，保持洁净，坡面杂草、杂树要随时清除，以防根系导致砌石体松动。

(2) 浆砌石护坡如有塌陷、隆起，应重新翻砌。无垫层或垫层失效的应补设和整修。遇有勾缝脱落或开裂，应洗净后重新勾缝。浆砌石岸墙出现倾覆或滑动迹象时，可采取降低墙后填土高度或增加拉撑等办法处理。

(3) 干砌石护坡、护底，如有塌陷、隆起、错动等，应予整平。

(4) 圬工结构的排水沟、集水井、截水沟等排水设备，如有裂缝漏水或局部损坏的，应及时修复和补强。沟内土石杂草应及时清除。

二、砌石建筑物的维修

(一) 干砌护坡维修

对于一般塌坡，应先清除块石，把冲刷深的土坑回填砂砾石，重新砌筑干块石面层，砌筑时要注意块石间互相挤紧，不要使用碎片石或风化石，以防受力折断，松动塌坡。若发生成片塌坡，应清除块石，整修土坡，回填反滤层，重新砌筑面层。顶部封面，应选用大块石砌筑，缝口要相互错开，砌毕后，块石的凹槽处用黏土回填夯实。

(二) 干砌石海漫维修

汛期抢险，在条件允许时，应暂时关闭闸门，断流抢修。若无闸门控制，以抛大块石或铅丝笼块石为主，适当加长护底的抛石长度。灌排结束后，进行岁修，清除冲刷坑中的石料，回填土层，行碾夯实。损坏的干砌段应改成浆砌段，并接长干砌海漫段，加做防冲槽。

(三) 浆砌石挡墙维修

开沟排除浆砌石挡墙后积水，降低过高的地下水位；平时要注意检查表面砂浆勾缝有无脱落，有无渗水、漏水现象。发现后，应及时找出原因，进行修复加固，否则可能引起墙身开裂、倾斜或倒塌。浆砌石挡墙维修主要采用前面部分防渗、后面部分排水、加撑墙、加厚墙身等维修方法。

第三节　混凝土建筑物的养护维修

一、混凝土建筑物的养护

（1）混凝土建筑物表面应保持清洁完好，无苔藓等附着生物，特别是底板、闸门槽和消力池内的碎石等杂物应定期清除，以防止对混凝土表面的磨损。

（2）混凝土表面发生脱壳、剥落、蜂窝、麻面、冲刷损坏时，可根据缺陷情况，采用水泥砂浆、环氧砂浆混凝土、喷浆等维修措施。

（3）对于混凝土的渗漏，应查明渗漏种类和原因，根据情况，拟定修补措施。对于建筑物本身的渗漏，应在迎水面封堵，既阻止渗漏，又防止建筑物本身的侵蚀或溶滤，并有利于建筑物的稳定。对于接缝渗漏或绕坝渗漏，应尽量采取封堵措施，以减少水量损失，防止渗漏增大。对于基础渗漏的处理，以截渗为主，辅之以导渗排水。由于导渗排水可降低基础扬压力，但会增加渗漏量，甚至引起建筑物变形，故需慎重对待。

（4）混凝土建筑物上的排水管、进水孔和通气孔等应及时进行疏通保养。伸缩缝要定期检查观察，要注意防止杂物卡塞，填料如有流失要及时补充，使其充填物饱满。

（5）经常露出水面的底部钢筋混凝土构件，如溢流坝的底板、护坦等，长期暴露在大气中，夏季高温暴晒，冬季严寒冰冻，应根据情况因地制宜地采取适当的保护措施。

（6）处于北方严寒地区的水闸，冬季还应随时清除混凝土结构上的积冰和重要部位的积雪，对大的冰块进行破碎。

二、混凝土建筑物的维修

（一）混凝土表层损坏的修补

（1）当修补面积较大，深度大于10cm时，可采用普通混凝土（包括膨胀水泥混凝土和干硬性混凝土）回填。深度为5～10cm的，可采用普通砂浆填补。深度在5cm以下的可采用环氧砂浆或喷浆填补。

(2) 损坏部位维修后，要达到抗冻、抗渗、抗侵蚀、抗风化、高强度的要求，并要求具有耐磨性和一定的韧性。混凝土的技术指标不得低于原混凝土，所用水泥不得低于原混凝土水泥等级，水灰比尽量选用较小值。

(3) 环氧材料的选用。一般用于混凝土表层修补的有环氧基液、环氧石英膏、环氧砂浆和环氧混凝土。环氧材料有较高的强度和抗蚀、抗渗能力，能与混凝土等材料很好地黏结，是一种较好的修补材料。但价格较高，工艺比较复杂，在修补工程量大的情况下，宜与其他方法配合使用。如损坏部位面积较大，且深度超过 2cm 时，可先用预缩砂浆填补，而将表面预留 0.5～1.0cm 深度，再涂抹环氧砂浆作保护层。

(二) 混凝土建筑物的裂缝维修

首先根据现场实际情况，查明裂缝性质、原因及危害程度，按照裂缝位置、高程、走向、宽度、深度、错距及分布范围，以及裂缝开度特别是最大开度出现的时间及其与温度、水位变化的关系，加强检查观测，看裂缝是因设计考虑不全、施工保养不当还是运行管理不善造成的，据此确定修补措施。有渗水的裂缝，要观测渗水是清水还是混水，以及碳酸盐等分解情况，确定维修方案。

一般裂缝宜在低水头或地下水位较低时和温度、湿度适合于维修材料凝结固化的时期进行修理，受气温影响的裂缝，宜在低温季节修理；对不受气温影响的裂缝，宜在裂缝稳定的情况下维修。

裂缝维修方法如下：

(1) 表面涂抹。采用水泥浆、水泥砂浆、环氧基液及环氧砂浆等涂抹在裂缝混凝土表面。

(2) 表面粘补。主要用胶粘剂将橡皮或其他材料粘贴在裂缝部位的混凝土上，达到封闭裂缝防渗堵漏目的。

(3) 凿槽嵌补。沿混凝土裂缝凿一条深槽，槽内嵌填各种防水材料，以防渗水。

(4) 喷浆修补。将水泥、砂和水的混合料，经高压喷射到裂缝部位，达到封闭裂缝、防渗堵漏或提高混凝土表面抗冲耐蚀能力。可分别采用无筋素喷浆、挂网喷浆等方法。

(三) 混凝土建筑物渗漏的处理

混凝土建筑物的渗漏按其发生的部位划分为建筑物本身渗漏（如由裂

缝、结构缝、伸缩缝和蜂窝孔洞等引起的渗漏），建筑物基础渗漏，建筑物与基础岩石接触面渗漏和绕过建筑物的渗漏（如绕坝渗漏）。

渗漏处理的基本原则是“上截下排”，以截为主，渗漏处理方案的制订，要根据其渗漏位置、危害性以及修补条件等实际情况确定。

对于建筑物本身渗漏的处理，主要是在上游面封堵，既可直接阻止渗漏，又可以防止混凝土的侵蚀或溶滤，降低渗透压力，有利于建筑物的稳定。对于基础渗漏的处理，以截为主，辅之以排。由于排水虽可降低基础扬压力，但会增加渗漏量，甚至引起渗透变形，故需慎重考虑。对于接触渗漏、绕坝渗漏的处理，应尽量采取封堵的措施，以减少水量损失，防止渗漏变形。混凝土建筑物渗漏的处理措施如下。

1. 坝、闸体裂缝渗漏的处理

（1）表面处理。按裂缝所在部位，可参考本节上述方法处理。对渗漏量较大，但渗透压力不影响建筑物正常运行的漏水裂缝，可在漏水出口处进行导渗，其措施有埋管导渗和钻孔导渗。埋管导渗，即沿漏水裂缝在混凝土表面凿槽，并在裂缝渗漏集中部位埋设引水铁管，使漏水集中从引水管排出，再用快凝灰浆或防水快凝砂浆迅速回填至封闭槽口中，最后对引水管进行封堵。钻孔导渗，即用风钻在漏水裂缝一侧（水平缝在缝的下方）钻斜孔，穿孔在裂缝面，使漏水从钻孔中导出，然后封闭裂缝，从导渗孔灌浆填塞。

（2）内部处理。采用灌浆充填漏水通道，达到堵漏的目的。根据裂缝的特征，可分别采用骑缝或斜缝钻孔的方式，按裂缝的开度和可灌性，进行水泥灌浆或化学灌浆，根据裂缝渗漏的情况，可分别采用全缝灌浆或局部灌浆的方法。

（3）结构处理结合表面处理。对于影响建筑物整体或破坏结构强度的渗水裂缝，除了内部处理外，有的还要采取结构处理结合表面处理的措施，以达到防渗、结构补强或恢复整体性的要求。结构补强措施多种多样，可通过专门验算和技术经济比较选定。

2. 散渗或集中渗漏的处理

对混凝土建筑物因蜂窝、空洞、不密实及抗渗等级不够等原因出现的散渗或集中渗漏，常用处理方法如下。

（1）灌浆处理。适用于混凝土密实性较差，裂缝孔隙比较集中的部位，灌浆材料用水泥还是用化学材料，应根据具体情况选用。

（2）表面涂抹。适用于大面积细微散渗及水头较小的部位，并宜在水位较低时进行，表面涂抹可用水泥浆、水泥砂浆、防水快凝砂浆、环氧基液及环氧砂浆等。

(3) 混凝土回填。适用于局部混凝土疏松或有蜂窝孔洞而造成的渗漏。施工时，先将质量差的混凝土全部凿除，再用现浇或压浆混凝土回填，如空洞较大，用现浇混凝土回填时，可加钢筋锚固或预埋灌浆管进行灌浆。

3. 止水伸缩缝渗漏的处理

在伸缩缝内浇灌沥青，缝口用橡皮压板护盖。对重要的水平止水部位，先掏出原缝中的老化沥青及淤泥，浇灌沥青后，再在混凝土面上凿槽，补埋水平止水。

4. 基础渗漏的处理

上游增加铺盖长度，或进行帷幕灌浆，下游加做排水反滤层，以增加渗径长度减少渗透压力，降低逸出坡降。

5. 管涌的处理

管涌是涵、闸站底板下土壤和堤身基础土壤在渗透压力超过地基土壤凝聚力时所发生的水土流失现象，管涌能把建筑物地基土壤掏空，引起工程倒塌事故。

(1) 当汛期下游冒浑水，应立即设法抬高下游水位，减少上下游水位差，待汛期过后进行处理。

(2) 若水平止水被破坏，应凿开重做，施工时要认真检查水平止水的接头和埋设情况，防止两侧底板有不均匀沉陷，拉断水平止水。

(3) 拉长上游护坦防冲段，增加渗径长度。接长翼墙、护坡以增长侧向渗径长度。

第四节　闸门的养护维修

一、闸门的养护

(一) 梁系、面板部分的养护

(1) 防止闸门振动。在闸门泄水时，当水流的脉动频率等于或接近闸门的自振频率时，会发生共振现象，使闸门整个或局部发生强烈的振动，会引起金属构件的疲劳变形、杆件弯曲或断裂、焊缝开裂或紧固件松动，以致整体结构遭到破坏。由于闸门振动的原因比较复杂，可以从调整开度、改善闸门的底缘形式以及适当增加闸门刚度等方面采取措施。

（2）闸门应定期检查，经常清理，保持清洁，保持运行灵活，防止锈蚀、腐蚀、振动，在操作运行范围内不得堆放杂物。

（3）钢结构闸门及钢木结构闸门必须定期检查，进行油漆保护，防止腐蚀。目前钢门常用的防腐蚀措施有涂料防护、金属喷镀等。

（4）钢丝网水泥闸门，一般指由钢筋混凝土门框及梁格和钢丝网水泥面板组成的闸门。钢丝网水泥是由若干层重叠的钢丝网浇筑高等级水泥砂浆构成。钢丝网水泥构件由于其薄壳结构，配筋细而密，施工质量较难掌握，故钢丝网水泥面板容易产生剥落、脱壳、露筋、露网、裂缝渗水等现象，使钢丝网遇水而锈蚀。为了提高钢丝网水泥闸门的耐久性，应常在表面涂刷保护层，提高钢丝网水泥面板的防腐、防锈能力。钢丝网水泥闸门应经常清理表面污垢及苔藓等附着物。钢丝网水泥闸门较为单薄，在运行中要防止闸门下坠、漂浮物撞击。

（5）木闸门的防腐蚀养护。木闸门常在阴暗潮湿或干湿交替的环境中工作，容易繁殖和寄生菌类，给木材带来严重的危害。常见的菌类有腐蚀菌、变色菌和霉菌等。有利于这些菌类繁殖生长的条件是：温度适中，一般菌类活跃的温度为5～25℃；木材含水率适量，当木材干燥到含水率低于20%时，菌类腐蚀速度减缓；氧的充分供应，在缺氧的情况下，腐蚀会停止，如常处水下的木材，就不会腐蚀。木闸门防腐蚀的方法如下。

1）干燥处理。其方法有大气、窑内干燥等。大气干燥简单易行，能将木材含水率降低到10%～17%，闸门上用的木材常采用大气干燥法。

2）防腐剂。水溶性防腐剂有氟化钠、硼铬合剂、硼酚合剂、铜铬合剂、氟砷合剂等；防腐油剂有林丹五氯酚合剂、混合防腐油、强化防腐油、煤焦油等。

3）油漆及其他涂料保护。常用的涂料有油性调和漆、生桐油、沥青和水罗松等。

（二）支承行走及导向装置的养护

要定时向闸门主轮及闸门的吊耳轴销等部位注油，以防止润滑油流失和老化变质。一般采用油枪注油，注油时，应在不停转动下加注，尽量使旧油全部排出，新油完全注满。无注油孔道的，可定期拆下清洗，然后涂油组装。

（三）闸门止水装置的养护

止水必须保证闸门顶、侧、底止水的整体性，如发现磨损、老化、断裂、撕裂等局部损坏，应及时更换，防止引起整体破坏。止水与止水底板的接合要紧密，止水底板不应变形，固定螺栓不能松动或锈蚀脱落，如有问题应及时处理。如止水座板表面粗糙，可用平面砂轮打磨，然后涂刷一层环氧树脂，使其平滑。如果因止水橡皮磨损造成止水座间隙过大而漏水时，可采用加垫橡皮条的办法来调整止水间隙。对于木止水要防腐，防虫蛀，防挤压劈裂。金属止水要防腐蚀、防汽蚀。止水装置的各种紧固件、固定件要进行防锈蚀处理。

（四）闸门预埋件的养护

预埋件应特别注意防锈蚀、防汽蚀。各埋固铁件，除轨道水上部位摩擦面可涂油脂保护外，其余均宜涂坚硬耐磨的防锈涂料。有密封要求的部位，可采用环氧树脂或其他防水材料封闭。

（五）闸门吊耳与螺杆的养护

吊耳与螺杆应动作灵活，牢固可靠。转动销轴应经常注油保持润滑，其他金属表面应喷涂防锈材料，并应常用小锤敲击检查零件有无裂纹或焊缝开焊、螺栓松动等，并检查是否有止轴螺栓剪断、丢失、轴销窜出等现象，如有应及时处理。

二、闸门的维修

（一）门体缺陷的维修

1. 门体位置不正的处理

小型堰闸的闸门均为单吊点闸门。门体位置不正的处理方法如下。

（1）调整吊耳位置。如吊耳的中心垂线与门体重心偏差值超过 2mm，或门叶及拉杆同一轴销的内孔不同心，都必须拆下门体重新调整安装。

（2）若吊耳位置偏差小于 2mm，而且门叶与拉杆同一轴销的两孔又在同心，门体仅有稍微倾斜时，可在门体上设加重块，使门体端正。加重块可以采用铸铁块或混凝土块，固定在门体的梁格上，但加重调整时，不得超过启闭设备的启闭力，不影响闸门的安全运行。

（3）增设人字拉杆。对倾斜不太严重的轻型闸门，当用螺杆式启闭机操纵时，可在门顶与螺杆间加装有调节螺栓的人字形拉条，通过调整螺栓调正闸门。

2. 门叶变形与局部损坏的处理

门叶构件锈蚀严重的，一般可采用以加强梁格为主的方法加固局部。在较严重的部位可补焊新钢板加强，新钢板的焊接缝应在梁格部位。

门叶变形的，应先将变形部位矫正，然后进行必要的加固。矫正分机械矫正和人工锤击矫正。

（二）止水装置的维修

止水目前常用的是橡胶止水。

橡胶止水的损坏一般为磨损、折裂、老化。对老化、失去弹性和磨损严重的应更换新件；对局部撕裂、损坏严重的进行局部修补；对接触不紧密而有离缝的，加垫适当厚度的垫块进行调整。处理一般漏水时，用垫高、降低或移动闸门上的止水橡皮来调整闸槽止水面的平整，使两者达到吻合密封的要求。止水橡皮更换或修理后表面平面度不超过 2mm，压缩量应保持为 2～4mm。

（三）预埋件的维修

（1）支承主轨表面的不锈钢脱落或磨损时，应拆下进行修理。如全轨需要喷镀处理时，应先将原有的镀层清除干净后再喷镀。如采用局部堆焊处理时，要用与原材质相同的焊条堆焊。

（2）止水座板及底坎等由于安装不牢受水流冲刷、泥沙磨损或锈蚀等原因发生松动、脱落时，应整修并补焊牢固。

（3）胸墙檐板和侧止水底板发生锈蚀时，一般可采用涂刷油漆涂料或环氧树脂涂料护面。

（四）钢闸门（及其钢构件）的防腐蚀

（1）表面除锈。一般采用人工除锈，其设备比较简单，如铲刀、敲锈锤、钢丝刷、砂布、磨刀石及砂轮等。表面处理后，要求无疏松的锈蚀产物及其他氧化物；无油污灰尘和细微砂粒；无旧漆和酸、碱、盐的残余物；表面干燥且具有一定的粗糙度。表面处理后，应尽快进行保护。

（2）涂料保护。涂料保护是借油漆或其他涂料在结构表面形成保护层。油漆主要由漆料和掺合物组成。油漆分底漆和面漆两种，共同发挥防锈作用。底漆主要起防锈作用，有良好的附着力。面漆有良好的结合力，漆膜封闭性强，水和氧气不易渗透。

（3）金属喷镀保护，钢结构闸门宜采用气喷镀。

（五）钢筋混凝土与钢丝网水泥闸门的维修

这类闸门常见的损坏现象有构件的局部缺损、裂缝、保护层剥落、脱壳、露筋、露网以及渗水等，当发现这些情况时，可按混凝土建筑物的维修方法进行处理。对于预埋铁件的锈蚀、缺损等，可按闸门防腐蚀的方法处理。

闸门必须选用耐碱、耐久并与基体黏结良好的涂料，作为保护层，常用的涂料有环氧类、聚苯类、氯丁橡胶类等。

（六）木闸门防腐蚀

木闸门防腐涂料及施工办法如下。

（1）清洗除尘。将结构表面的泥灰、水锈、水生物及卷起的油皮、漆皮等铲除，并将松动的裂隙中麻捻凿除，其深度不少于 3cm。

（2）捻缝。木材干燥后，才能上捻。捻有灰捻和麻捻两种。灰捻配方（重量比）为清水：桐油：生石灰粉＝1：1.2：5。先将清水与生石灰粉混合，再加桐油调匀。麻捻是在上述灰捻里加 1.5 份去皮大麻，用大锤把麻和灰捻砸成麻捻。可用在 1～2cm 宽的灰缝和剔除面积在 $500cm^2$ 内的腐烂处。上捻时用捻锤和捻凿打入板缝并挤压紧密。

（3）上油。待面板干燥，捻缝稍干，侧面挤压无水时，用细砂纸打磨平滑。再用砂布包棉花团蘸桐油涂抹，每遍都要涂薄层，待干燥后再涂第二遍。一般涂抹 3～5 遍，待油膜干透后才可运用。

当采用油漆、沥青水柏油等防腐剂时，必须待木结构足够干燥后再涂刷。涂刷沥青或柏油时，一般可采用热涂或浸涂。

第五节　启闭机的养护维修

一、启闭机的养护

水工闸门启闭机通常由动力部分、传动部分、制动部分、悬吊装置以及附属设备等组成。其各部分的养护工作主要有以下几个方面。

（一）动力部分

启闭机的动力一般有电动及人力两种，下面主要介绍电动部分的养护。

1. 电动机的养护

（1）保持电动机外壳上无灰尘污物，以利散热。

（2）检查接线盒压线螺栓是否松动、烧伤。

（3）检查轴承润滑油脂，使之保持填满轴承空腔的1/2～2/3，如油脂脏了则需要更换。

2. 操作设备的养护

（1）电动机的操作设备如闸刀、电磁开关、限位开关及补偿器等，应保持清洁干净、触点良好、机械传动部件灵活自如、接线头连接可靠。电动机的稳压、过载保护装置必须可靠。

（2）限位开关应经常检查调整，使其有准确可靠的工作性能，不经常运行的闸门应定期进行试运转。

3. 各种仪表的养护

（1）电动装置的各类指示仪表，如电流表、电压表、相序表、功率表及压力表等，应按有关规定进行检验，保证指示正确。

（2）电动机、操作设备、仪表的接线相序必须正确，以防因相序接错而造成事故。接地应保证可靠。

（二）传动部分

启闭机的传动机构一般可分为机械传动和液压传动。各传动部件，如各部滚动轴承、联轴器、变速箱、变速齿轮、蜗轮、蜗杆、轴与轴孔、油（水）泵、阀门及管道等，应及时滑润和维护，以减少部件的磨损和保证传动部位的正常运行。

1. 机械传动装置的养护

(1) 润滑油料要充足，严禁在缺油的情况下工作，所用润滑油的品种应按启闭机说明书的要求，并参照有关规定选用。

(2) 闸门启闭机摩擦部位应定期用煤油清洗，重新换入润滑油。变质润滑油不得继续使用。在灰尘较多的地方，可适当增加检查次数，有条件的可增设防尘套或防尘罩。

(3) 使用润滑油前应检查新油质量，不合格的油料不能使用。

(4) 在加注新油前应清洗加油设施，清理油孔、油槽、油道，然后再加注新油。

(5) 在加黏度较大的油时，要检查油料是否达到摩擦面以上。

(6) 各种联轴器检修后，用手作正向、反向转动，以感觉轻快灵活为准。带圆柱销的弹性联轴器，在安装时，应检查弹性销圈的销与靠背轮孔的配合紧密度，最大侧向间隙不得超过 5mm。弹性销圈如有老化或损坏，应予更换。齿轮联轴器应按要求灌注润滑油。

2. 液压传动装置（油压启闭机）的养护

油压启闭机要经常检查润滑油液质量是否符合要求，储油槽与储油箱中油液是否充足，油箱、油管及接头部分有无阻塞或泄漏。

除此之外，对于油压启闭机的养护，应符合下列要求。

(1) 供油管和排油管应保持色标清晰，敷设牢固。

(2) 油缸支架应与基体连接牢固，活塞杆外露部分可设软防护装置。

(3) 调控装置及指示仪表应进行定期检验。

油压启闭机使用中，运行中有不正常声响，如产生脉动冲击，负压值超过规定，油液夹杂空气等现象时，应采取措施加以排除。

3. 变速箱、齿轮联轴器的养护

变速箱、齿轮联轴器使用的润滑油，可按照厂家说明书要求选用适当的油料。一般在气温较低的环境下，要选择凝固点较低的油料；在气温较高的环境下，要选择黏度较高的油料。新安装使用或大修后的各齿轮啮合部分，容易产生金属粉末，当从变速器或齿轮联轴器放出来的污油有较多金属粉末或水分时，应更换新油。在更换新油时，应事先用煤油清洗内壳，除去杂质及污物。

（三）制动部分

制动器（刹车）是启闭机的重要部件之一，它可以在启闭机停止运行时立刻刹住制动轮，使闸门停止升降。要求启动灵活，制动准确，若发现闸门自动沉降，应立即对制动器进行彻底检查及修理。

（1）长、短冲程电磁制动器应经常保持制动轮与制动瓦表面不含有任何油污、油漆及水分等，制动瓦与制动轮表面接触不应少于面积的80%。电磁线圈应根据使用情况定期测试绝缘情况，若不合要求，可做烘烤处理。衔铁应经常擦拭除油污，保证与固定磁铁紧密地吻合。衔铁与制动杠杆、连接铰轴应经常涂油保养，保证动作灵活。制动器的主弹簧应涂油保养，以防生锈。

（2）电动液压制动器的制动弹簧，应保持不缺油不锈蚀。制动器使用的工作油液应定期过滤，以保证油质合格。制动应定期进行调整。

（3）棘爪棘轮制动器应经常清洗，擦除油污，并检查各部件有无裂缝等缺陷，固定是否牢靠。棘爪在棘轮上转动自如，棘爪上的弹簧应保持一定压力，各轴销要经常注油润滑。

（4）蜗轮、蜗杆应按要求加油保养，工作一定时间后要清洗换油一次。

（5）闸门锁定装置必须灵活可靠，防止锈蚀。

（四）悬吊装置

悬吊装置有钢丝绳、螺杆、拉杆、齿杆、活塞杆和链条等。目前常用的是钢丝绳和螺杆。

1. 钢丝绳的养护

（1）钢丝绳的检查。检查钢丝绳悬吊装置的两端接头（特别是常处于水下的一端）是否牢固，钢丝绳有无扭转、打结、锈蚀、断丝，通过各滑轮间有无压力及偏角过大以及松紧是否适度等。如发现不正常的现象，应及时调整。

（2）钢丝绳的养护。钢丝绳外表先用煤油或柴油清洗干净，涂抹润滑脂，然后用布条缠紧（也可用塑料布条缠紧）并采用防水材料包扎。

对露天放置的启闭机，其钢丝绳卷筒的罩壳应封盖严密，工作桥上的绳孔，可设特别的盖板以防止灰砂进入卷筒上的钢丝绳。对于不绕上卷筒或滑轮的部分，可用包裹法保护。

双吊点启闭闸门的两根钢丝绳，应保持松紧度一致，否则应及时调整。

2. 螺杆的维护

螺杆启闭机的有齿部位应经常清洗、抹油，有条件的可设置防尘装置。

(五) 附属设备

闸门指示器应保持运转灵活、指示准确。如果指示器不准，将直接影响控制运用，甚至引起工程事故。如有的螺杆顶压弯曲和启闭机台破坏，都是由于指示器不准造成的。因此，要经常调整指示器，做到准确无误。

二、启闭机的维修

(一) 螺杆启闭机的维修

螺杆启闭机可承受压力及拉力，使用范围较广。常发生的故障有螺杆弯曲和承重螺母与推力轴承的磨损等。

(1) 螺杆弯曲的修理。修理方法有压重物矫正、杠杆矫正、千斤顶矫正（图 5-1）、矫正器矫正（图 5-2）、加热矫正等。螺杆经过矫正后，其不直度应控制为每 0.5m 长不超过 0.15mm，总长度为 5～10m 时，不得超过 1mm。

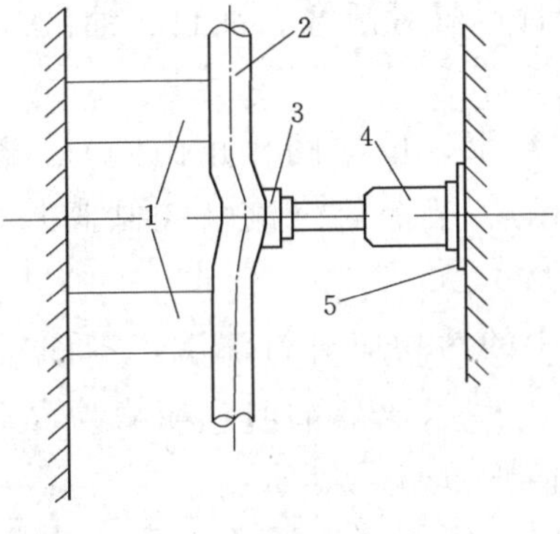

图 5-1 千斤顶矫正螺杆示意图

1—反向支撑；2—螺杆；3—垫块；4—千斤顶；5—底板

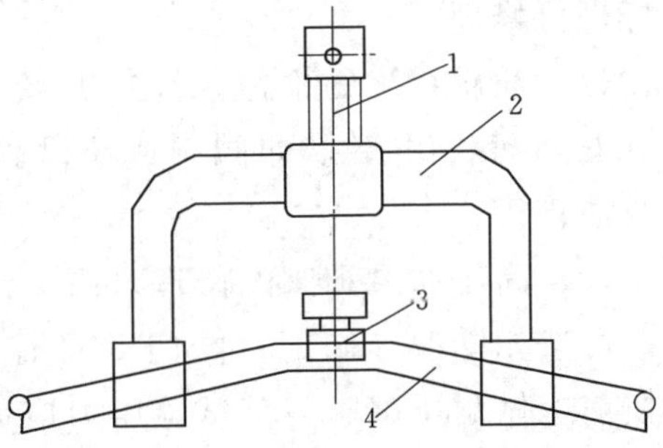

图 5-2 手动螺杆式矫正器示意图

1—加力螺杆；2—矫正器架；3—夹角；4—启闭机螺杆

为了防止再次弯曲，螺杆矫正后，应对产生弯曲的原因进行处理，如精确调整限位开关，安装限位螺母，调整安全联轴器，调整螺杆和连杆的长细比与导向点，调整螺杆的安装位置等。

（2）承重螺母磨损的修理。螺杆启闭机的启闭力是由螺母与螺杆的螺纹面之间的斜面接触作用产生的。如润滑条件差，承重螺母易磨损，特别是螺杆偏斜、弯曲后，使螺母承力不均，磨损更为严重。承重螺母的磨损超过设计要求时，应更换新件，以免引起坠门事故。

螺母螺纹若产生破碎及裂纹等缺陷，应更换新螺母。更换时螺母螺纹中心线对推力轴承配合面的不垂直度：当孔的长度或测量半径≤50mm时，在100mm长度或半径上测量的允许公差≤0.02mm；在50～250mm时，允许公差≤0.04mm；在250～500mm时，允许公差≤0.06mm。

（3）推力轴承磨损的修理。螺杆启闭机轴承一般采用球形或锥形推力轴承。如推力轴承磨损过大或钢球（锥柱）及推力轴承座等发生微裂时，应更换新件。

（二）液压启闭机的维修

液压启闭机分为油压和水压两种。水利工程常用的是油压启闭机。油压启闭机常见的故障是由于漏油导致闸门自动沉降、锈蚀和污物阻塞等。可对机械系统和液压系统进行检修。

（1）机械系统的检修。无锁定装置的闸门，完全依靠油缸内液体压力支撑。当漏油导致闸门自动沉降超过规定时，应对活塞、油封、油缸和活塞杆进行修理。

（2）油压系统的检修。油压系统包括油泵、单向阀（止回阀）、溢流阀（安全阀）、电磁换向阀（或手动换向阀）、节流阀（流量控制阀）、管路及油箱等。

（3）高压油泵和阀的修理。高压油泵中的污物应进行清洗，零件损坏时，可按相同型号修配；阀门壁身有裂缝、砂眼或漏油时，应更换新件，更换前应做耐压试验，其试验压力应为工作压力的1.25倍。

（4）高压管路的修理。修理高压管路时，应先将阀门关到底，使管内油液排除干净后才能进行，严禁在未经分解、拆卸的管路上补焊。管路出现裂缝、结疤等缺陷漏油，应更换新管，新管管径相同、壁厚一致。

（5）油箱的修理。油箱渗油需要补焊时，参照管路补焊的规定进行。滤油器应定期清洗检查，如滤网有漏孔或封口衬垫有裂缝、老化时，应进行更换。油箱内的油液每年应进行一次检查，不符合规定标准的，应更换新油。

第六节　机电设备的养护维修

水闸常用的机电设备有输电线路、接地装置、电动机、变压器、备用电源、电气设备以及避雷设施等。

一、输电线路的养护维修

输电线路的养护应遵守下列规定。

（1）各种电力线路、电缆线路、照明线路均应防止发生漏电、短路、断路、虚连等现象。

（2）线路接头应连接良好，并注意防止铜铝接头锈蚀。

（3）经常清除架空线路上的树障，保持线路畅通。架空线路与建筑物等地物交叉接近时的最小距离应符合相关规定。

（4）定期测量导线绝缘电阻值，一次回路、二次回路及导线间的绝缘电阻值都不应小于 0.5mΩ。

二、接地装置的养护维修

电动机、操作设备等养护后必须保持接线相序正确，接地可靠。

接地装置是保障安全用电的重要设施，应采用电阻小、经久耐用的材料，规格大小随设计的板网面而定。

为确保接地装置的长期可靠，在有腐蚀性的土壤中，应采用镀铜或镀锌等措施来提高接地材料的防锈能力。裸铝导线埋入地下，极易被腐蚀，使用寿命短，成本高，因而不得使用。

接地线与建筑物伸缩缝交叉处，应增设 Ω 形补偿器，引出线应标色保护。

三、电动机的养护维修

（1）清理定子、转子。可用毛刷、棉纱布和压力气（皮老虎或空气压缩机）对黏附在定子、转子上的灰尘、杂物等进行清理。

（2）清洗轴承盖、轴承盒，并检查有无磨损和裂纹，如较严重，应更换新件。

（3）清洗径向滚动轴承和轴向平面滚动轴承（推力轴承），检查滚珠的磨损程度，磨损严重的应及时更换。

（4）更换轴承润滑油脂。应注意油脂的类型，一般使用钠基或钙钠基油脂。油脂不应加注过满。

（5）检查定子绕组。如有接地、短路等故障，应对绕组线圈进行处理。

1）单相接地。如线圈受潮、绝缘老化、局部绝缘损坏等都会形成对地短路。可用绝缘摇表逐相检查（应把每相的接头拆开），找出接地的地方。故障找到后，若仅是受潮，在干燥后刷一层绝缘漆即可。如果绝缘破损不很严重，也可把它重新绝缘。若一相绕组不止一处接地，而且绝缘损坏比较严重，或两相同时接地，就应更换接地的绕组线圈。如因铁芯有一片或几片硅钢片凸出破坏了绝缘造成接地，则应将凸出的硅钢片敲平，再将破损处重新绝缘。

2）匝间短路。如果线圈匝间发生短路，电动机运行时会冒烟，并有焦臭气味，空载运行时发热严重，空载电流增大。对于有明显短路点的线圈，只需部分重新绝缘即可；若短路线圈没有明显的短路点，则应拆下重绕。

3）相间短路。相邻线圈间的绝缘损坏造成相间短路。当短路点明显可见而不严重时，加强绝缘即可，除此外，必须重新绕制。

（6）检查转子上的铜条。铜条松动或脱开后，会引起转子发热，电动机在满载时会发出“隆隆”响声。把铜条旋紧焊牢即可，注意不要使铜条接地。

四、变压器的养护维修

（1）变压器等设备外表应保持清洁，不得有杂物、灰尘。

（2）变压器油位要正常，应经常检查，不得有漏油、渗油现象；油质应符合要求，运行中的变压器应每两年进行一次简化的油样试验，大修的变压器应进行滤油或更换新油。

（3）变压器应每年进行一次线圈绝缘电阻测量。测量时最好选择在气温5℃以上，湿度在70%以下的天气。一般当油温为30℃时，绝缘阻值不应小于150MΩ。如果变压器的阻值降至新变压器或大修后绝缘阻值的50%以下，应请电业部门进行更详细的试验和检修处理。

五、备用电源（柴油发电机组）的养护维修

（1）备用柴油发电机组应经常维护清扫，使其保持整齐清洁。

（2）油、气、水、电路应经常检查，保持畅通、不渗漏。

（3）要不定时地检查并试运行，特别是汛前、汛后检查时必须进行试运行，要保证随时能启动发电，使电压和输出功率能达到额定值。

（4）对柴油机、发电机及有关表、盘应按有关规定定期维护、检修。

（5）与电网联网的发电机组，应按供电部门的规定要求执行。

六、电气设备的养护维修

（一）高压跌落式熔断器的养护维修

高压跌落式熔断器的检查维护内容如下。

（1）熔断器额定电流与熔体及负荷电流值是否匹配合适，若配合不当必须进行调整。

（2）熔断器的每次操作须仔细认真，不可粗心大意，特别是合闸操作，必须使动、静触头接触良好。

（3）熔管内必须使用标准熔体，禁止用铜丝、铝丝代替熔体，更不准用铜丝、铝丝及铁丝将触头绑扎住使用。

（4）熔体熔断后应更换新的同规格熔体，不可将熔断后的熔体连接起来再装入熔管继续使用。

（5）应定期对熔断器进行巡视，每月不少于一次夜间巡视，查看有无放电火花和接触不良现象。如有放电，会伴有“嘶嘶”的响声，要尽早安排处理。

（6）在停电检修时应对熔断器做如下内容的检查。

1）静、动触头接触是否吻合、紧密完好，有无烧伤痕迹。

2）熔断器转动部位是否灵活，有无锈蚀、转动不灵等异常情况，零部件是否损坏、弹簧有无锈蚀。

3）熔体本身是否受到损伤，长期通电后有无发热伸长现象导致熔体

松弛无力。

4）熔管管内元件是否有烧伤及日晒雨淋后是否损伤变形、长度是否缩短。

5）清扫绝缘子并检查有无损伤、裂纹或放电痕迹，拆开上、下引线后，用2500V摇表测试绝缘电阻应大于300MΩ。

6）检查熔断器上下连接引线有无松动、放电、过热现象。

对上述项目检查出的缺陷，如能维修应及时处理；如损伤、变形较严重，应更换部件或整体更新。

（二）刀开关的养护维修

（1）在正常运行时，触头及连接点应无过热现象，负荷电流应在其容量范围内。

（2）绝缘板应无破损及放电痕迹。

（3）操作机构的部件应无开焊、变形或锈蚀现象，轴、销钉、紧固件等应齐全正常。

（4）刀片和刀嘴的消弧角应无烧伤、无脏污、不变形、不锈蚀、不倾斜。

（5）维修时应用细砂布打磨触头、接点，检查其紧密程度并应涂上导电膏。

（6）维修时应检查校正三相同期度，合闸时不应有旁击及抖动现象。

七、避雷设施的养护维修

（1）避雷针（线、带）及下线如锈蚀量超过截面30%以上，应予更换。

（2）导电部件的焊接点或螺栓接头如脱焊、松动应予以补焊或旋紧。

（3）接地装置的接地电阻值应不大于10Ω，如超过规定值20%时，应增设补充接地极。

（4）防雷设施的构架上，严禁架设低压线、广播线及通信线等。

第六章

小型堰闸的安全运行管理和抢险技术措施

第一节　小型堰闸的安全运行管理

小型堰闸的安全运行管理是指为保障小型堰闸日常安全运行、防止安全事故发生的日常管理工作，如制定小型堰闸运行管理规章制度，明确小型堰闸安全管理职责、规范控制运用和设备操作规程，开展群众性安全教育活动等。

一、工程安全运行管理

小型堰闸建成后，按分级管理、分级负责的原则，应及时进行工程移交，明确管护责任主体，制定工程安全运行管理制度、工程安全运行操作手册。划定小型堰闸主体工程管理范围，在管理范围内严禁设置影响行洪和输水的建筑物、障碍物，倾倒、堆放影响水工程安全运行的弃渣。严禁放牧、挖塘、取土、采石、扒口、爆破等有碍水工程安全运行的行为。不得破坏生态环境和污染水体。

闸门控制运用应严格按批准的控制运行方案和主管部门的指令有步骤有计划地实施，认真做好闸门启闭前的准备工作，避免发生安全事故。加强对堰闸的检查和观测，判断工程的安全状况，对发现的缺陷和问题及时进行维修养护，保证工程运行安全。

二、人身安全管理

在小型堰闸建筑物的上、下游均易形成水洼，易造成人员落水的工程范围，要有安全防护设施，设置明显的警示标志，禁止在小型堰闸枢纽工程的上下游进行游泳、捕鱼、取水、洗衣等行为。在夏季，应安排专人加强巡查，发现不安全行为应及时劝阻。

小型堰闸泄水前，应按规定程序通知下游有关人员做好安全防护准备，以免影响人、畜等安全。

三、防洪安全管理

小型堰闸在特殊水文年份，易受到洪水侵袭，应制定小型堰闸度汛预案和工程应急抢险方案，建立防汛抢险队伍，备足防汛物资。洪水期间要加强检查和监护。出现险情征兆，应立即报告上级主管部门和防汛指挥机构，并采取抢险措施。

第二节　小型堰闸的抢险技术措施

虽然小型堰闸工程规模小，但也会产生涉及生命安全的问题。小型堰闸的溢流堰体发生严重塌陷时，应采用机械开挖回填混凝土、浆砌石等方法进行抢修。在洪水季节堤防出现滑坡迹象时，应针对产生原因按“迎水坡面防渗，背水坡面导渗”“上部减载，下部压重”的原则，在背水坡开沟导渗，也可修建透水后戗。还可采用迎水坡抛石护脚，支持陡坡的方法。当对河床冲刷坑已危及防冲槽或河坡稳定时应立即抢护，一般采用抛石或沉排等方法处理，对不影响工程安全的冲刷坑，暂可不作处理，在汛期过后，立即对工程隐患进行除险加固处理。

一、渗水及漏洞抢险

小型堰闸的堰体、岸墙、翼墙、洞身与土堤结合部位可能会产生缝隙或空洞，在洪水冲蚀下形成流土、管涌、漏洞等渗透破坏，导致失事。抢护渗水和漏洞的原则是“前截后导，临背并举”，即临水侧堵塞漏洞进水口，背水侧反滤导渗排水，前后结合。首先要在临水侧查明渗水、漏洞的进水口位置并加以封堵，截断漏水通道；在背水侧抢修反滤体，并使渗水排出。

(一) 临水堵截

1. 篷布盖堵

覆盖用料有篷布、土工布等，其具有强度大，耐折皱，整体性好，在水中不易漂浮等优点，其覆盖方法如下。

根据漏洞洞口的大小，选择长、宽有一定富裕度的篷布，篷布两端套裹钢筋、圆木等，并留有固定木桩的位置。先将篷布卷放，在堤上打两根固定桩，将篷布卷上端固定，随后把篷布顺堤坡滚下，将漏洞口堵住，见图 6－1。最后在篷布上抛压土袋闭气。

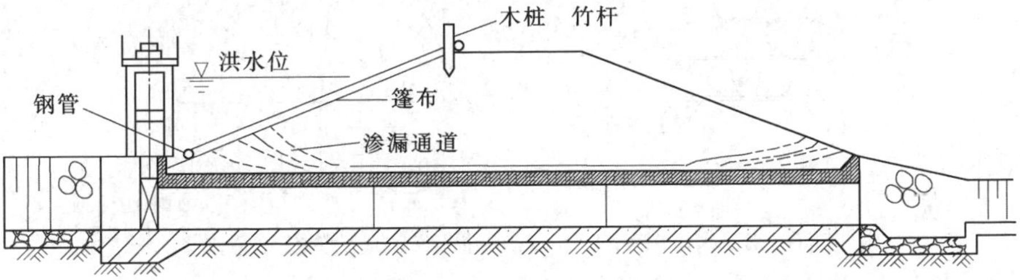

图 6－1 篷布覆盖示意图

2. 软帘盖堵

选用草帘、苇箔等重叠数层作为软帘，也可用柳枝、秸料、芦苇等编扎软帘，其大小可根据洞口具体位置和所要覆盖的范围而定。软帘铺设方法与篷布相同。

3. 网兜盖堵

网兜一般采用直径 1cm 左右的麻绳或尼龙绳，织布网眼直径为 20cm，再用直径为 3cm 的麻绳作网框，网宽一般为 2～3m，长度应为漏洞口至堤顶距离的两倍以上。在抢险时，将网折起，两端一并系于堤顶木桩上，网中间折叠处坠以重物，将网顺边坡沉下成网兜形，然后在网中抛以柴草、泥土或其他料物，以堵塞洞口，最后再压土袋并抛填黏土，封闭洞口。

4. 铁锅盖堵

一般用直径比洞口大的铁锅，正扣或反扣在漏洞口中，可立即截断水流。为防止铁锅和洞口不密实，也可用棉被等物包裹后再扣压。待铁锅压紧后，盖压土袋并抛填黏土，达到封堵严密，闭气断流，塞堵漏洞的目的。

5. 塞堵漏洞

(1) 草捆堵塞。当情况紧急，时间不允许准备篷布、土工布等材料时，可就地取材，把稻草、麦秸等用绳捆扎成圆锥体，见图 6-2，粗头直径一般为 0.4～0.6m，长度为 1.0～1.5m，并捆扎牢固。为防止草捆在水中漂浮，可在草捆中捆裹黏土投抛于洞口，将漏洞封堵。

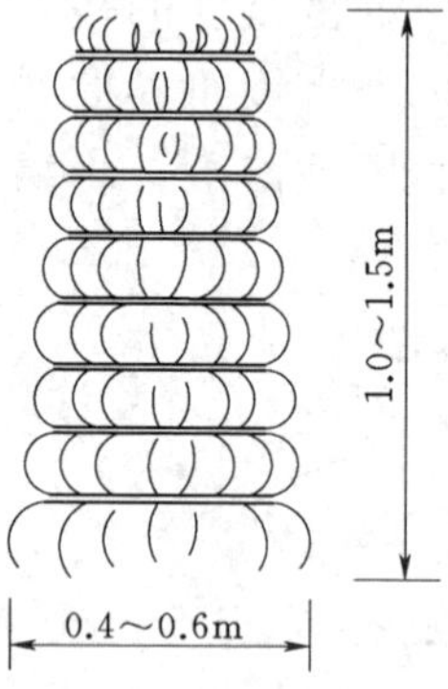

图 6-2　草捆略图

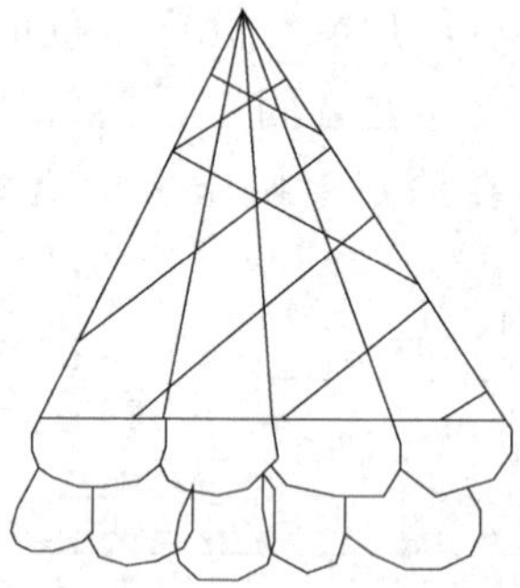
图 6-3　软楔示意图

(2) 软楔堵塞。用绳结成圆锥形的网罩，见图 6-3，网格孔口直径约 10cm，大头直径为 40～60cm，长度为 1.0～1.5m，网内填麦秸、稻草等，并裹填部分黏土以防浮起。为抢护方便，可事先结成大小不同的网罩，根据洞口大小在罩内充填料物用于堵塞。在抢堵时，可将软楔或草捆小头向洞口塞入，小洞可用一个，大洞可用多个。在漏洞堵塞后，最好再用棉被、篷布等覆盖，用土袋压牢，最后用黏土封堵闭气，使其完全断流。

(3) 软罩堵漏。用直径为 16～22mm 圆钢或偏铁，焊制成直径为 0.3～1.5m 的阻圈，采用耐拉土工布或特制的软布织品包裹。堵漏时，用竹竿将软罩沿堤坡盖住洞口，然后用土袋压盖闭气。

(二) 背水导渗反滤

渗流在水闸背水堤坡出逸，为防止产生流土或管涌渗透破坏，控制险情，需在出逸处采取导渗反滤措施，使渗出的水流为清水，其方法如下。

1. *砂石反滤*

在抢护前，先将渗水边坡的软泥、草皮及杂物等清除，然后填筑粗砂厚 15～20cm，瓜子片、碎石各厚 10～15cm，最上面盖以小块石。如涌水急，砂填不进去，可先填碎石、块石以减弱水势，再按级配填充。若一次级配不能止住冒沙情况，可再填一次，直到渗出清水为止。若发现填料下沉，可继续填石块，直到稳定为止。

2. 土工织物反滤

铺设前应平整坡面，清除杂草、树根等杂物，保证土工织物与坡面接触良好。铺设方法为：首先将织物平铺于坡面，长度及宽度覆盖范围应超出出险区 2m 以上，其上应用透水材料压重，厚度不少于 50cm，最上面用块石保护。为使织物不致顺坡面下滑，在顶端应将织物埋入锚固沟，沟深一般小于 0.3m。

3. 梢料反滤

梢料反滤是使用麦秸、稻草、秫秸、芦苇、柳枝等做成反滤材料。底部应采用细梢料，如麦秸、稻草等，厚为 20～30cm；中层采用粗梢料，如秫秸、芦苇、柳枝等，厚为 30～40cm；上部采用土袋、沙袋、块石等压牢，防止梢料漂浮流失。各层铺设时都应粗枝朝上，细梢朝下，梢料顺水流方向铺设，使水流通畅，并从下往上铺置，在枝梢结头处，要搭接一部分。

在“临水堵塞漏洞进口、背水导渗反滤”控制险情后，为截断渗漏通道，彻底消除隐患，可在堤顶采取开槽断截的方法。施工方法为：在堤顶中心或偏下处，挖一条与堤轴线平行的沟槽，长 3～5m，宽度一般在 1m 左右，边坡应视土壤含水情况而定，以土体不塌方为宜，坡比一般为 1∶1 左右，深度挖至洞底下边，找出漏洞通道后，立即用棉絮堵塞或用木板打入土内，使之断流，再填上干土夯实。此法只有当堤身断面较大，人力器材充足，漏洞位置距堤顶不深的情况下才能采用，最好在水位稍退的时机突击抢做。水位过高或涨水期，不宜采用。

二、建筑物裂缝及止水破坏抢险

对混凝土建筑物裂缝、分缝止水破坏引起的渗水冒沙，在可能危及工程安全时，要及时进行抢护，一般采用防水快凝砂浆等。

三、闸门漏水抢险

闸门漏水抢险一般采取堵漏的办法，即将漏水缝隙或漏洞塞堵密实。

（一）水下堵塞

堵塞材料一般使用棉絮。侧向漏水，顺漏水缝隙自下而上进行堵塞；

底部漏水，通常比侧向漏水量要大，可用钢筋缠绕棉絮水平放入漏水处，或将木板包裹棉絮堵塞，在水流吸力作用下可堵塞密实；上部漏水，多因卡在门楣上的橡皮向上翻起，产生漏水，水流向上涌出，将窄木板水平放置，上面压重即可减轻漏水量，消除险情。

（二）篷布堵漏

用长圆木或角钢等加工一个比闸室宽度略小的框架，在其上蒙上篷布，篷布底边下坠块石，使其不会漂起，再在顶边系绳索若干条，岸上将绳索徐徐收紧，使篷布张开并逐渐移向漏水洞口，在水流吸力作用下，篷布堵塞闸门漏水缝隙或洞口，可大大减轻漏水水势。紧接着将事先准备好的土袋、块石等沿篷布四周逐渐向中心堆放，直到整个洞口全部封闭。

（三）布包堵塞

在闸门底部漏水量较大时，可用棉絮外裹布料、篷布、土工布等，用绳子捆扎成像长方体包裹一样，顺闸门前投抛于水中，在水流的吸力作用下，将缝隙堵塞。长方体包裹应根据缝隙的大小而定，不能太薄，否则在水流的吸力作用下会被拉长变形，从闸门下冲走，起不到堵塞作用。

（四）检修门抢险

如果该闸已备有检修闸门，应首先关闭检修闸门，果断采取堵漏措施。

四、闸门破坏抢险

如水闸闸门破坏可采取封堵洞口断流措施抢险。

（一）钢（木）叠梁封堵

当水闸闸墩露出水面，可采取下述方法。

（1）当水闸设有事故检修闸门门槽时，可将钢（木）叠梁逐条放入闸门槽，然后将土（沙）袋沉放在门槽前，堵塞洞口。

（2）当水闸没有事故检修闸门门槽时，可利用闸墩端部作为支点，把预制的钢桁架或木排架沉放到水底，然后在桁架上游面竖插圆木，并逐步加密以减少过水面积，最后在上游面沉放土袋和散土闭气，见图 6 - 4。

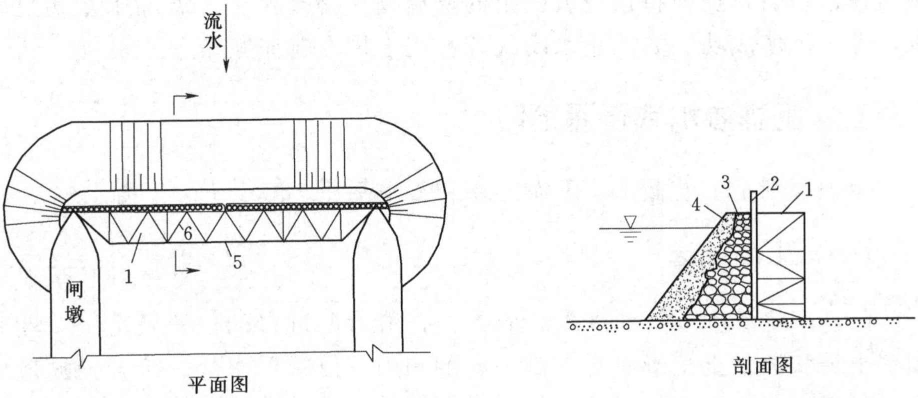

图 6－4　闸门损坏堵口示意图

1—预制钢桁架；2—圆木；3—黏土袋；4—散黏土；5—角钢；6—槽钢

（二）木球封堵

因水闸为圆管型式的洞身结构，当闸门破坏时，可采取下述方法。

1. 预制球封堵

（1）木球的制作。木球直径要大于涵洞进口尺寸20%左右。分块放样加工，用铁件把各板紧密联结，拼装成一球体，焊上两个铁环，以备吊放使用。球体上铁件重量应大于木球和铁件在水中的浮力，保证木球在水中能够下沉。

（2）封堵方法。把木球运至涵洞进水口上游数米处，将木球吊入水中。然后徐徐放下，木球在水流的带动下，可很快封堵进水口。

2. 钢筋空心球或钢筋网封堵

（1）钢筋空心球或钢筋网的制作。

1）钢筋空心球的制作。球体直径应大于进水口直径，用直径为10～14mm的钢筋围成圆圈搭成网格焊接而成；适当选用几根较粗的钢筋圈做骨架，以增加其刚度；钢筋分格不宜大于20cm。钢筋空心球适用于垂直的进水口。

2）钢筋网制作。钢筋网一般为正方形或长方形，其长度均应大于进水口，使用直径为10～14mm的钢筋编织，其间距不大于20cm。同样可选用几根较粗的钢筋作为骨架，以增加其刚度和便于抢险操作。

（2）沉堵方法。沉堵时，先架浮桥作为通道，然后将球（网）沉下。

待盖住进口后，随即将预先装好土的草袋抛下堵塞网格。若漏水量明显减少，即为沉堵成功。如需止水闭气，可在土袋堆前加抛黏土。

五、闸基渗水或管涌抢险

抢护原则是上游截堵、下游导渗和蓄水平压，减少上、下游水位差。

（一）上游截堵

闸基产生渗水或管涌现象，应首先查清渗漏进口的位置及范围，然后用黏土袋和散黏土抛于渗漏进口一定范围内，以减弱水势，接着投抛散土进行封闭。

（二）下游导渗

在下游冒水、冒沙区抢筑反滤围井，制止涌水带沙，防止险情进一步扩大。在抢筑围井时，先清除围井范围内的杂物，周围用土袋垒砌成围井。围井的高度以能使水不挟带泥沙从井口冒出为度，侧面留有排水口或用导管将井内水导出围井外；范围以能够围住管涌洞口并有利于铺设反滤材料为度。井内如涌水过大，填筑反滤材料有困难时，可先用块石或碎石装袋填塞，待水势消减后，在井内再做反滤导渗，即按反滤的要求，分层填铺粗砂、瓜子片、碎石，也可用梢料或土工织物等做反滤，对于小的翻沙鼓水，也可用无底水桶或汽油桶等套在出水口，在其中抢填砂石反滤料。

（三）蓄水平压

在水闸的下游一定范围内用土或土袋抢筑围堤，当水面较宽时，可以筑成月牙状围堤，以抬高水位，减小上、下游水位差，减小水的渗透压力，以消除翻沙鼓水现象。围堤高度应根据允许的水头差所需壅水高度而定，并留出约 1m 的安全超高。堤顶宽度一般为 2～3m，边坡为 1：2.5，用土袋时可做成 1：1，如水闸下游渠道上建有节制闸，且距离较近时，可以关闸壅高水位，也可以起到同样的作用，但必须加强对围堤和渠道的防守。

六、消能工程破坏抢险

水闸的消能防冲工程破坏抢险，一般采取补砌、抛填、筑潜坝等抢护措施。

（一）断流抢护

在条件允许时，应暂时关闭泄水闸孔，然后分别采用以下措施处理。

（1）将冲损部位用速凝砂浆补砌块石。此法一般用于山丘区泄水闸或平原河道底板较高的维修工程量较小的水闸，在闸门关闭时，下游消能防冲设施裸露水面以上，能迅速补砌。

（2）用双层麻袋、化纤编织袋装砂或石笼填补缺陷。

（3）在被冲刷的部位，采用打短桩填充块石或预制块防护，见图6-5。必要时，可适当向下游延长。此法宜在水深不大或下游无水的条件下采用。

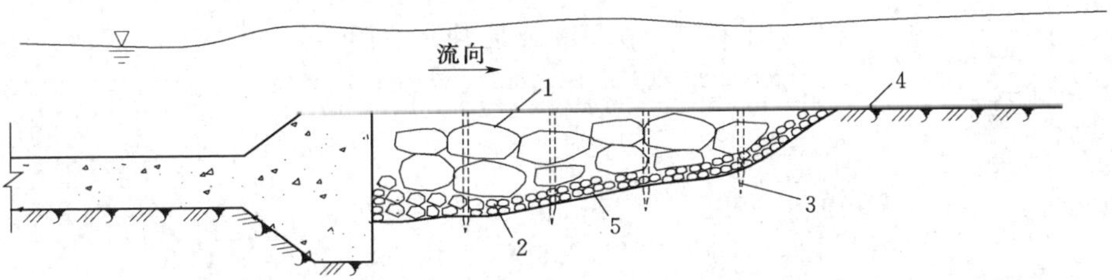

图6-5　抛石防冲示意图

1—块石；2—卵石；3—木桩；4—原地面线；5—冲刷坑

（4）若流速大且冲刷严重时，可用石笼、铅丝笼等防护，见图6-6。要求石笼（枕）的直径为0.5～1.0m，长度在2.0m以上。处理时，石笼（枕）要铺放整齐，其纵向应与水流方向一致，并连成整体。为避免水流的淘刷，在铺块石或石笼前应抛填一层碎石垫底。

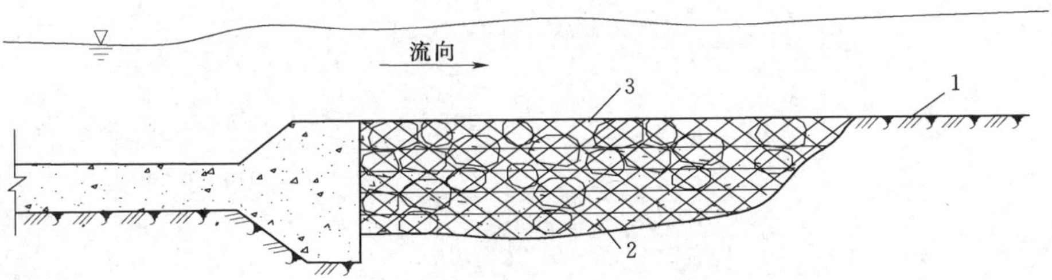

图6-6　石笼防冲示意图

1—原地面线；2—冲刷坑；3—石笼

（二）筑潜坝缓冲

在不具备暂时关闭泄水闸孔断流防护时，对被冲刷的部位除进行抛石防护外，还可在护坦末端或下游做柳捆壅水或其他形式的潜坝，以增加水深，缓和冲刷。见图 6－7。

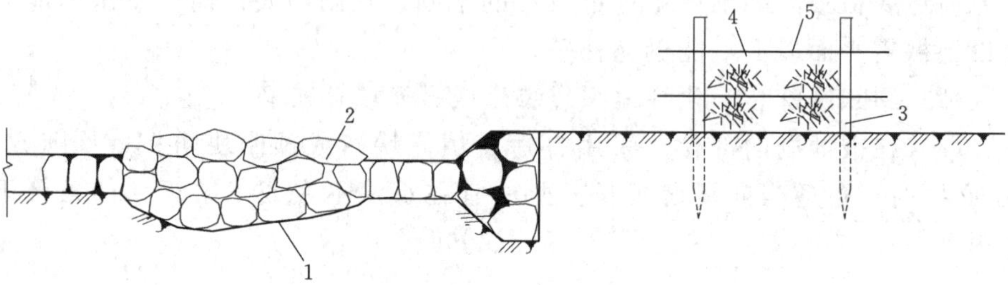

图 6－7　柳捆壅水防冲示意图

1—冲刷坑；2—抛石；3—木桩；4—柳捆；5—铁笼